antônio bispo
dos santos

PISEAGRAMA | ubu

a terra dá,
a terra quer

Mandacaru, xiquexique
Coroa-de-frade e quipá
Macambira, unha-de-gato
Jurema e caroá
A beleza dos espinhos
Ornamentam os caminhos
Onde eu gosto de andar

9	semear palavras
17	cidades e cosmofobia
35	somos compartilhantes
57	arquitetura e contracolonialismo
77	colonialismo de submissão
89	criar solto, plantar cercado
107	sobre o autor
109	sobre o artista

semear
palavras

Nos primeiros passos da minha vida, os mais velhos me orientaram a ouvir os cantos dos pássaros e os chiados da mata. Compreendo o ambiente onde dei os meus primeiros passos como uma das bases de lançamento da minha trajetória. Uma memória maravilhosa desse tempo, que ainda pulsa, é acordar ouvindo o canto da passarada informando quais as condições meteorológicas do dia.

    Os pássaros nos avisavam se ia chover, se ia ter sol ou se o céu ficaria nublado. Informado por eles, ainda antes de me levantar, eu já tinha a noção de como seria o dia. Outro pulsar das memórias de criança é o caminho da roça, que fazíamos junto às gerações mais velhas, a geração mãe e a geração avó. Ouvíamos a sonoridade emitida pela mata, a partir do movimento do vento e das águas dos riachos, rios e das cachoeiras, dependendo de por onde passávamos.

    No caminho da roça, os pássaros continuavam com as suas cantigas, comemorando a fartura que haviam encontrado ao colher os frutos das árvores. Eles também nos contavam sobre outras vidas que passavam por perto naquele momento, fosse por uma questão de segurança e proteção ou apenas anunciando que o ambiente estava sendo ampliado com mais presenças. Essas são memórias recorrentes, para as quais eu volto sempre que encontro um obstáculo na minha caminhada. É onde me reanimo e é de onde sou novamente remetido, agora com uma força maior, que ultrapassa os obstáculos e dá continuidade ao percurso.

Pulsam também as memórias de amanhecer em uma casa construída com materiais locais, com uma parte do teto feita de telhas de adobe cru e outra parte feita de palha e madeira. A parte da casa levantada com adobe cru e teto de telha era o cômodo em que dormíamos. Como o clima tendia a ser mais ameno à noite, aquele era o espaço adequado para dormir.

A parte da casa com paredes de taipa e teto de palha, por incrível que pareça, apesar do risco do fogo era o espaço da cozinha, exatamente porque as palhas e a taipa são térmicas. Aquele espaço esquentava menos durante o dia, e era onde se acendia a fornalha a lenha. O outro cômodo, de teto de palha e paredes feitas com varas secas, era onde se realizavam atividades coletivas como o tear, pois o espaço onde se tecia precisava ser mais ventilado. A nossa arquitetura era adequada às atividades praticadas ao longo do dia em cada um dos seus espaços.

Quando completei dez anos, comecei a adestrar bois. Foi assim que aprendi que adestrar e colonizar são a mesma coisa. Tanto o adestrador quanto o colonizador começam por desterritorializar o ente atacado quebrando-lhe a identidade, tirando-o de sua cosmologia, distanciando-o de seus sagrados, impondo-lhe novos modos de vida e colocando-lhe outro nome. O processo de denominação é uma tentativa de apagamento de uma memória para que outra possa ser composta.

    Há adestradores que batem e há adestradores que fazem carinho; há adestradores que castigam e adestradores que dão comida para viciar, mas todos são adestradores. E todo adestramento tem a mesma finalidade: fazer trabalhar ou produzir objetos de estimação e satisfação. Contudo, não são todos os animais que conseguimos adestrar. Alguns ficam atrofiados fisicamente – quando se exige do animal um esforço físico para além do que é capaz. Outros ficam atrofiados mentalmente – quando o animal recebe um choque mental violento.

    De modo análogo, temos pessoas atrofiadas: pessoas que não foram adestradas para servir ao trabalho, mas que também não conseguem ser malandras. Pessoas adestradas para que não tenham um imaginário, para que não consigam fazer sua autogestão. Pessoas que não aprenderam a fazer nada nem aprenderam a extrair do que está feito. Pessoas atrofiadas que perambulam sem saber aonde ir. Ou ainda, pessoas que foram adestradas e terminaram transformadas numa população trabalhadora flutuante, que passa uma temporada no Sul ou no Sudeste, em servidão salarial, e retorna.

Eu, por dominar a técnica de adestramento, logo percebi que, para enfrentar a sociedade colonialista, em alguns momentos "precisamos transformar as armas dos inimigos em defesa", como dizia um dos meus grandes mestres de defesa. Então, para transformar a arte de denominar em uma arte de defesa, resolvemos denominar também.

Em outros escritos em que traduzi os saberes ancestrais de nossa geração avó da oralidade para a escrita, trouxemos algumas denominações que as pessoas na academia chamam de *conceitos*. A partir daí, seguimos na prática das denominações dos modos e das falas, para contrariar o colonialismo. É o que chamamos de *guerra das denominações*: o jogo de contrariar as palavras coloniais como modo de enfraquecê-las.

Certa vez, fui questionado por um pesquisador de Cabo Verde: "Como podemos contracolonizar falando a língua do inimigo?". E respondi: "Vamos pegar as palavras do inimigo que estão potentes e vamos enfraquecê-las. E vamos pegar as nossas palavras que estão enfraquecidas e vamos potencializá-las. Por exemplo, se o inimigo adora dizer *desenvolvimento*, nós vamos dizer que o desenvolvimento desconecta, que o desenvolvimento é uma variante da cosmofobia. Vamos dizer que a cosmofobia é um vírus pandêmico e botar para ferrar com a palavra *desenvolvimento*. Porque a palavra boa é *envolvimento*".

Para enfraquecer o *desenvolvimento sustentável*, nós trouxemos a *biointeração*; para a *coincidência*, trouxemos a *confluência*; para o saber *sintético*, o saber *orgânico*; para o *transporte*, a *transfluência*; para o *dinheiro* (ou a troca), o *compartilhamento*; para a *colonização*, a *contracolonização*... e assim por diante. Ele entendeu esse jogo de palavras: "Você tem toda a razão! Vamos botar mais palavras dentro da língua portuguesa. E vamos botar palavras que os próprios eurocolonizadores não têm coragem de falar!".

Por que o povo da favela fala gíria? Preenchem a língua portuguesa com palavras potentes que o próprio colonizador não entende. Enchem a língua como quem enche uma linguiça. E, assim, falam português na frente do inimigo sem que ele entenda. A favela adestrou a língua, a enfeitiçou. Temos que enfeitiçar a língua. Posso dizer que sou feiticeiro, qual é o problema? Mas sou feiticeiro e milagreiro, porque sou politeísta e sei fazer o efeito tanto pelo milagre como pelo feitiço.

Semeei as palavras *biointeração, confluência, saber orgânico, saber sintético, saber circular, saber linear, colonialismo, contracolonialismo*... Semeei as sementes que eram nossas e as que não eram nossas. Transformei as nossas mentes em roças e joguei uma cuia de sementes. Quando apresentei essas sementes, essas imagens, essas palavras germinantes, eu tinha a impressão de que a palavra *biointeração* germinaria mais do que as outras, tanto é que me esforcei muito nesse sentido. Mas o que aconteceu foi que a palavra que melhor germinou foi *confluência*.

Não tenho dúvida de que a *confluência* é a energia que está nos movendo para o compartilhamento, para o reconhecimento, para o respeito. Um rio não deixa de ser um rio porque conflui com outro rio, ao contrário, ele passa a ser ele mesmo *e* outros rios, ele se fortalece. Quando a gente confluencia, a gente não deixa de ser a gente, a gente passa a ser a gente e outra gente – a gente rende. A confluência é uma força que rende, que aumenta, que amplia. Essa é a medida. De fato, a *confluência*, essa palavra germinante, me veio em um momento em que a nossa ancestralidade me segurava no colo. Na verdade, ela ainda me segura! Ando me sentindo no colo da ancestralidade e quero compartilhar isso.

cidades
e cosmofobia

O que é a cidade? É o contrário de mata. O contrário de natureza. A cidade é um território artificializado, *humanizado*. A cidade é um território arquitetado exclusivamente para os humanos. Os humanos excluíram todas as possibilidades de outras vidas na cidade. Qualquer outra vida que tenta existir na cidade é destruída. Se existe, é graças à força do orgânico, não porque os humanos queiram.

Fui criado numa casa de chão batido, onde andava descalço. As galinhas e os outros animais conviviam conosco dentro de casa. Quando uma galinha estercava na casa de chão batido, a parte úmida do esterco, das fezes da galinha, era absorvida pela terra. Tirávamos a parte sólida e jogávamos no quintal para servir de adubo. Para o povo da cidade, isso é um horror. Pisar as fezes da galinha? Impossível! Tem que ter uma cerâmica bem lisinha para poder enxergar qualquer outra vida, qualquer outro vivente que estiver ali, para poder desinfetar e matar qualquer microrganismo. Matar até o que não se vê. Para andar descalço, é preciso desinfetar o chão: a cerâmica foi criada porque os humanos não podem pisar a terra. Os calçados foram criados porque os humanos não podem pisar a terra. Porque a terra é o anseio original.

A humanidade se desconectou da natureza exatamente por ter cometido o pecado original. Seu castigo foi se afastar da natureza. Por isso Adão foi expulso do Jardim do Éden e o humanismo passou a ser um sistema, um reino desconectado do reino animal. Dentro do reino vegetal, todos os vegetais cabem, dentro do reino mineral, todos os minerais cabem. Mas dentro do reino animal não cabem os humanos. Os humanos não se sentem como entes do ser animal. Essa desconexão é um efeito da cosmofobia.

A cosmofobia é o medo, é uma doença que não tem cura, apenas imunidade. E qual é a imunização que nos protege da cosmofobia? A contracolonização. Ou seja, o politeísmo, porque a cosmofobia é germinada dentro do monoteísmo. Se deixamos o monoteísmo e adentramos o politeísmo, nos imunizamos. No mundo politeísta não existe pecado original, ninguém foi expulso do Jardim do Éden, ninguém tem memória de terror. Os deuses e as deusas são muitos e não temos medo de falar com eles. No mundo politeísta, ninguém disputa um deus, porque há muitos deuses e muitas deusas – tem para todo mundo. Como no mundo monoteísta só há um deus, é uma disputa permanente. O povo de Israel contra o povo da Palestina, por exemplo. Estão se matando na disputa por um deus. No nosso caso, não é preciso: temos Exu, Tranca Rua, Pomba Gira, Maria Padilha... Se não estamos com um, estamos com outro.

Quando, aos dezoito anos, saí para conhecer uma cidade, percebi que existia outro mundo para além daquele onde nasci e me criei. A cidade era outro mundo. Nas cidades, as pessoas não sabiam fazer suas próprias casas, como sabíamos fazer no lugar de onde viemos. Não sabiam e ficavam dependendo de outros que as fizessem por elas. Onde nasci e fui criado, todo mundo tinha casa. Só não tinha casa quem não queria e morava com os pais, com os parentes ou com os amigos. Ou quem andava perambulando, quem achava por bem não ter casa porque era muito trabalhoso cuidar. Mas na cidade não era assim. As pessoas dependiam de casas que não sabiam fazer. Onde nasci e fui criado, desde criança, íamos observando, achávamos um lugar bonito, criávamos uma relação, uma comunicação com o lugar. E marcávamos: "Vou fazer a minha casa aqui". Eu não precisava pagar para fazer a minha casa. Pelo contrário, no dia de fazer a casa, havia um grande mutirão, vinha todo mundo! Era uma festa, e fazíamos uma casa muito rapidamente.

Quando cheguei à cidade, percebi que era preciso pagar para fazer a casa, pagar pelo terreno, pagar por tudo. Quando o saber é transformado em mercadoria e hierarquizado, qual é a medida que justifica um servente ganhar menos do que um pedreiro? Ou um engenheiro ganhar mais do que um pedreiro, se o engenheiro só sabe desenhar e ninguém mora dentro de desenhos? Se quem faz a casa é o pedreiro e é na casa que se mora, o engenheiro não deveria receber nada. O engenheiro não deveria ter salário, ele deveria ser pedreiro. Para nós, a profissão de engenheiro é desnecessária, ela só existe na lógica de uma sociedade eurocristã monoteísta.

Fiquei na cidade grande por cerca de cinco anos, até chegar o momento em que compreendi que ali não era o meu lugar. Não consegui viver na cidade grande e retornei à roça, para viver nas comunidades onde estou até hoje. A cidade não me cabe. Enquanto a sociedade é feita por posseiros, as nossas comunidades são feitas por pessoas. Na cidade, as pessoas tinham medo de gente. Nas comunidades, ninguém tinha medo de gente, vivíamos tranquilos. Nas comunidades, não acontecia roubo ou assaltos. Se uma pessoa passava na minha roça e pegava um fruto para comer, eu ficava feliz, era motivo de reconhecimento, como se eu tivesse recebido um troféu.

Os povos da cidade precisam acumular. Acumular dinheiro, acumular coisas. Estão desconectados da natureza, não se sentem como natureza. As cidades são estruturas colonialistas. Nem todos os povos da cidade são povos colonialistas, mas a cidade é um território colonialista. Há povos vivendo a duras penas nesse território colonialista. Quando falo em *povos da cidade*, falo de povos eurocristãos colonialistas, mas do ponto de vista territorial.

    Os adultos da cidade brincavam de fazer as coisas e outros adultos pagavam para vê-los: era o que chamavam de teatro. Quando a arte vira mercadoria, passa a ser uma brincadeira de não fazer nada. O teatro é fazer as coisas de brincadeira, enquanto a brincadeira na nossa comunidade é a brincadeira de fazer as coisas de fato. Quando a gente brinca de fazer o Reisado, a gente faz o Reisado. Quando a gente brinca de fazer a roça, a gente cresce aprendendo a fazer a roça, a gente brinca de fazer a roça até fazer a roça de verdade. A gente brinca de fazer e faz as coisas, enquanto o povo do teatro brinca de não fazer, ou melhor, faz as coisas de brincadeira e não faz as coisas de verdade.

    O teatro, assim como qualquer outro tipo de arte que é mercantilizada, bloqueia a conversa das almas, porque a arte é a conversa das almas, a arte alimenta a vida, ela não deve ser mercadoria. Ninguém sabe quem compôs as cantigas do Congado, não existe uma patente, todo mundo pode cantá-las. Todo mundo pode tocar as caixas do Congado nos ritmos e nas músicas que o povo compôs.

Não se sabe a autoria da maioria das cantigas cantadas no quilombo. Um artista dos nossos uma vez explicou que não escrevia para vender: "Escrevo para o povo cantar, se você quiser cantar, que cante, a música está aí. Por que você precisa comprar uma música para cantar se todo mundo já está cantando? Cante a música, moço!".

    A arte é conversa das almas porque vai do indivíduo para o comunitarismo, pois ela é compartilhada. A cultura é o contrário. Nós não temos cultura, nós temos modos – modos de ver, de sentir, de fazer as coisas, modos de vida. E os modos podem ser modificados. Quando a gira está rolando num terreiro e alguém puxa um ponto, todo mundo canta junto. Colocamos uma toada, compartilhamos essa toada e cada um vai com a letra. É assim que fazemos. Dentro da cultura, é preciso se submeter às notas. A cultura é uma coisa padronizada, mercantilizada, colonial. Os colonialistas dizem que não temos cultura quando não nos comportamos do jeito deles. Quem não sabe tocar piano ou não sabe o que é música erudita, quem nunca frequentou um teatro, quem não frequenta o cinema, para eles, não tem cultura. Para nós, quem não sabe dançar e cantar no batuque, quem não sabe fazer uma comida, quem não se emociona com a cantiga de um pássaro não tem um modo agradável de viver.

Enquanto o povo da cidade se sentia muito importante, eu, por minha vez, me sentia necessário. Eles, porém, não me viam como alguém necessário, me viam como alguém útil. Para eles eu era um servidor, um serviçal. Eu era útil, mas poderia ser substituído porque não era necessário. Percebi que o povo da cidade tinha relações de utilidade e importância, mas não tinha relações de necessidade. Para nós, a pessoa que é importante não é quase nada. É aquela pessoa que se acha ótima, mas não serve. O termo que tem valor para nós é *necessário*. Há pessoas que são necessárias e há pessoas que são importantes. As pessoas que são importantes acham que as outras pessoas existem para servi-las. As pessoas necessárias são diferentes, são pessoas que fazem falta. Pessoas que precisam estar presentes, de quem se vai atrás.

Na cidade, só havia a escola escriturada. Não havia outras escolas, escolas da inspiração ou da brincadeira. Quando as escolas escrituradas chegaram ao nosso território, foi de uma forma muito acelerada. A escrita queria, a qualquer custo, se instalar e passar a ser a linguagem predominante. Enfrentamos um grande desafio porque os nossos contratos, que eram feitos pela oralidade, sofreram um ataque brusco para que fossem transformados em contratos escriturados.

As nossas mestras e os nossos mestres da oralidade foram considerados desnecessários pelo sistema, e tentaram substituí-los pelos mestres da escrituração. Nesse período, de tanto brincar de fazer as coisas, fui para a escola aprender, pela escrituração, o que acontecia no outro mundo, o mundo das escrituras, o mundo de fora da comunidade. Fui para a escola escriturada para ser necessário, não para ser importante. Para poder contribuir com a resolutividade da nossa comunidade.

No quilombo, contamos histórias na boca da noite, na lua cheia, ao redor da fogueira. As histórias são contadas de modo prazeroso e por todos. Na cidade grande, contudo, só tem valor o que vira mercadoria. Lá não se contam histórias, apenas se escreve: escrever histórias é uma profissão. Nós contamos histórias sem cobrar nada de ninguém, o fazemos para fortalecer a nossa trajetória. E não contamos apenas as histórias dos seres humanos, contamos também histórias de bichos: macacos, onças e passarinhos.

A codorniz é um pássaro da Caatinga. É como uma codorna. Quando éramos crianças, armávamos arapucas para pegar codornizes. A codorniz caía na arapuca, mas quando chegávamos perto, ela desmaiava. Ela fingia de morta debaixo da arapuca. "Como foi que ela morreu? Será que foi cobra?", pensávamos. E um pássaro que não vimos como morreu, não podemos comer. Como precisávamos desocupar a arapuca, tirávamos a codorniz morta e a colocávamos de lado. E, de repente, ela voava! A codorniz não tinha morrido coisa nenhuma, era um truque! A codorniz ensinava como se esconder, como se disfarçar. Nas cidades, é nas novelas e nos teatros que o povo se finge de morto.

No lugar onde nasci e fui criado, temos uma relação orgânica com todas as vidas. Todas as vidas são necessárias, não importantes. A gente corria atrás de um porco para pegá-lo e botá-lo no chiqueiro. A gente brincava de correr para chegar a um lugar, por necessidade. Na cidade é diferente: vejo o povo correndo sem saber aonde vai, sem saber por que corre, só porque um médico disse que tem que correr! Eu também corri na cidade, sem saber aonde ou por que eu corria. Por que os povos da cidade não se relacionam com a natureza? Porque têm medo. Porque são cosmofóbicos.

Nós pescamos no rio apenas o necessário porque confiamos no rio. Não temos medo do rio, sabemos que o rio vai dar peixe sempre. Por que coletamos apenas os frutos necessários? Porque sabemos que vai haver fruto sempre. Quando não for certo fruto, vai ser outro. Quando não for umbu, vai ser juá, vai ser carnaúba. Quando não for carnaúba, vai ser caruá.

Quando não for caruá, vai ser grão de galo, vai ser quipá, vai ser macambira. Vai ser xique, vai ser mandacaru. São coisas da Caatinga que alimentam os humanos e os não humanos. Há coisas na Caatinga que não são os humanos que consomem. Mas os não humanos consomem e depois compartilham com os humanos. Como sabemos que tem de tudo para todos, não temos medo e não precisamos armazenar. Só precisa armazenar quem não confia, quem tem medo da natureza não fornecer, medo da natureza castigar.

A cosmofobia é responsável por esse sistema cruel de armazenamento, de desconexão, de expropriação e de extração desnecessária. A cosmofobia também é responsável pelo lixo. Por que existe tanto lixo? Porque as pessoas acumulam mais do que o necessário, e o tempo passa. Elas precisam de certa quantidade de frutos, mas compram mais que o necessário. O desperdício é um resultado da cosmofobia. A cosmofobia é a necessidade de desenvolver, de desconectar, de afastar-se da originalidade. A cosmofobia é a mesma coisa que o pecado original. E tudo o que é original assusta o eurocristão monoteísta.

Uma das minhas avós e mestra ensinava que aquilo de que a gente não precisa, mas sabe que apodrece, deve ser jogado no quintal. E aquilo que não é mais necessário, mas não apodrece, a gente guarda até o dia em que for necessário. Dessa forma, nada ia para o lixo, não conhecíamos a palavra lixo. Às vezes eu perguntava: "O que faço com isto?". Ela perguntava: "Apodrece? Se apodrece, joga no mato". Jogar no mato significava jogar na mata, porque aquilo ia se decompor e se tornar necessário para as outras vidas. Mas quando cheguei na cidade e disse: "Olha, isto aqui não presta, não é mais necessário, vou jogar no mato", o povo debochou de mim. Na cidade não havia mato, havia lixo. E no lixo se jogava tudo: o que apodrecia e o que não apodrecia. Tudo misturado.

Morei em São Cristóvão, no Rio de Janeiro, e todos os finais de semana e nas horas de folga eu ia para a Quinta da Boa Vista. Nunca tive paixão nenhuma por Copacabana, para mim Copacabana é uma coisa de plástico, um brinquedo descartável. A parte sintética do Rio, para mim, é descartável. Hoje, quando vou ao Rio de Janeiro, vou à favela da Maré, ao Complexo do Alemão, à favela do Pereirão e me sinto bem. Sou bem recebido em cada uma delas. Eu me sinto bem ali onde há cheiro de gente, onde há coisas que ainda são orgânicas e onde a língua é continuamente adestrada. A Maré tem um lugar reservado para compartilhar comigo, para fazer um milho com feijão, conversar e beber. O Pereirão, em Santa Tereza, também tem um lugar reservado para mim.

Uma maneira de enfrentar o dinheiro é gastar o dinheiro. Vamos gastar todo o dinheiro para ele não ficar infernizando a nossa vida. Outra maneira é boicotar o dinheiro. Quando viajo, não dou dinheiro para hotel e, ao invés de ir ao shopping, vou à feira, porque na feira vejo pessoas que se parecem comigo, que transpiram, que são orgânicas. As pessoas do shopping não transpiram, no shopping não há cheiro de suor, só há cheiros sintéticos, cheiros de produtos abstratos.

Enquanto a sociedade se faz com os iguais, a comunidade se faz com os diversos. Nós somos os diversais, os cosmológicos, os naturais, os orgânicos. Não somos humanistas, os humanistas são as pessoas que transformam a natureza em dinheiro, em carro do ano. Todos somos cosmos, menos os humanos. Eu não sou humano, sou quilombola. Sou lavrador, pescador, sou um ente do cosmos. Os humanos são os eurocristãos monoteístas. Eles têm medo do cosmos. A cosmofobia é a grande doença da humanidade.

Apesar de serem criaturas da natureza, os humanistas se descolam da natureza e se tornam criadores. Daí sua necessidade de sintetizar o orgânico, de chamar todas as vidas de matéria-prima. Essa matéria-

-prima passa a ser um objeto a ser melhorado, beneficiado e sintetizado pelos humanos. Eles se sentem os donos da inteligência, se sentem o próprio deus – o deus na lógica da verticalidade, na lógica do poder, da interferência na vida alheia e da manipulação, e não um deus na lógica da biointeração.

Humanismo é uma palavra companheira da palavra *desenvolvimento*, cuja ideia é tratar os seres humanos como seres que querem ser criadores, e não criaturas da natureza, que querem superar a natureza. Do lado oposto dos humanistas estão os *diversais* – os cosmológicos ou orgânicos. Se os humanos querem sempre transformar os orgânicos em sintéticos, os orgânicos querem apenas viver como orgânicos, se tornando cada vez mais orgânicos. Para os diversais, não se trata de desenvolver, mas de envolver. Enquanto nos envolvemos organicamente, eles vão se desenvolver humanisticamente.

A humanidade é contra o envolvimento, é contra vivermos envolvidos com as árvores, com a terra, com as matas. Desenvolvimento é sinônimo de desconectar, tirar do cosmo, quebrar a originalidade. O desenvolvimento surge em Gênesis. Relacionar-se de forma original, para o eurocristão, é pecado. Eles tentam humanizar e tornar sintético tudo o que é original.

Não se trata de um pensamento binário, mas de um pensamento fronteiriço. Nunca vamos atravessar para o lado do humanismo, mas também nunca vamos querer que o humanismo atravesse para o nosso lado. Também não queremos que ele deixe de existir, só queremos que haja respeito e diálogos de fronteira. A humanidade está aí, não vamos matar a humanidade. Mas como vamos nos relacionar com ela? Estabelecendo fronteiras. Pode ser que, no futuro, como a fronteira é um território movediço, elástico, a gente avance quando eles recuarem, ou pode ser que a gente recue quando eles avançarem, mas sem chegar ao limite. Nós pensamos sempre na circularidade, quebrando o monismo, a dualidade e o binarismo.

Os humanistas querem nos convencer de que a globalização é uma convivência ampla, quando de fato não é. Em vez de compreender o globo de forma diversal, como vários ecossistemas, vários idiomas, várias espécies e vários reinos, como dizem, quando eles falam em "globalizar", estão dizendo "unificar". Estão dizendo moeda única, língua única, mentes poucas. A globalização para os humanos não existe, o que existe para eles é a história do eurocentrismo – da centralidade, da unicidade. O que chamam de globalização é universalidade. Não no sentido que nós entendemos por universalidade, mas no sentido da unicidade.

O livro *O século 21*, de Pat Roy Mooney, traz um dado muito importante: a proporção das quatro línguas mais traduzidas no mundo (inglês, espanhol, francês e alemão) aumentou de 65% em 1980 para 81% em 1994. Os humanistas não querem globalizar no sentido diversal, mas no sentido de unificar, de transformar tudo em um. Quando falam de indivíduo, falam de unicidade. Nós, quando falamos de indivíduo, estamos falando de unidade, estamos dizendo "um", mas esse "um" é parte do todo, do universo. Se para os humanistas o "um" é o universo, para nós só há "um" porque há mais de um. Percebemos uma diferença entre ser "um" e ser único, enquanto para eles, o "um" e o único são a mesma coisa. Quando dizemos "globo", estamos englobando e, ao mesmo tempo, reconhecendo as individualidades que existem dentro do globo. Essa é uma questão germinante, que precisa ser tratada e cultivada.

somos
compartilhantes

Quando ouço a palavra *confluência* ou a palavra *compartilhamento* pelo mundo, fico muito festivo. Quando ouço *troca*, entretanto, sempre digo: "Cuidado, não é troca, é compartilhamento". Porque a *troca* significa um relógio por um relógio, um objeto por outro objeto, enquanto no compartilhamento temos uma ação por outra ação, um gesto por outro gesto, um afeto por outro afeto. E afetos não se trocam, se compartilham. Quando me relaciono com afeto com alguém, recebo uma recíproca desse afeto. O afeto vai e vem. O compartilhamento é uma coisa que rende.

Quando cheguei ao território em que estou hoje, já existiam outros compartilhantes que nos recepcionaram. Na Caatinga, os umbuzeiros nos recepcionaram. Eles compartilharam seus frutos, suas folhas e suas raízes quando chegamos, e não trouxemos nada para os umbuzeiros. Eles já eram nativos daqui, viemos habitar esta terra depois deles. Foi assim com os pássaros, foi assim com uma planta chamada pinhão – que não é o pinhão manso, é um pinhão cuidado por nós, ditos humanos, que as juritis adoram. Elas comem esses pinhões e, vez por outra, pegamos uma juriti. O pinhão compartilha com a juriti, a juriti compartilha conosco, e nós vamos compartilhar de novo com o pinhão. Agora que já estamos aqui há mais tempo, entramos também no ciclo local de compartilhamento.

Se vejo uma árvore que não está em bom estado, vou cuidar dela e ela vai servir tanto para mim como para os demais seres. Existe uma árvore na Caatinga chamada jacurutu. A jacurutu é uma árvore espinhosa, frondosa, que cresce muito. Ela é medicinal, mas não dá frutos para nós. No entanto, ela dá sombra para todo mundo, o ano inteiro, o que é uma forma de compartilhamento. Quando precisamos de uma bendita sombra para aliviar o sol, a jacurutu nos acolhe. Um pé de jacurutu, para nós, é como uma marquise para quem vive na cidade.

Às vezes você vai andando e encontra uma pedra bonita e aconchegante para se sentar. Ou um lajedo bonito onde você se deita um pouco e descansa. Esse compartilhamento é tão farto, tão presente em nossas vidas, que dificilmente falamos disso para as pessoas que estão na cidade. Se você vai andando e vê um rato correndo no meio da mata, logo atrás dele há o risco de ter uma cobra. Ele compartilha um aviso: "Não ande agora por aqui porque a coisa pode não estar boa". Um rato no mato não é uma coisa tão ruim quanto um rato na cidade. Um rato na mata é um compartilhante. Se vejo uma comida que serve para o rato, vou ter de deixá-la ali, porque o rato pode ser um informante. O cancã é um pássaro que sempre acua as cobras. Se estou na

Caatinga e canta um cancã, sei que ali há alguma coisa que preciso observar: uma cobra ou um teiú. Às vezes é alguma outra coisa que não faz mal a ninguém, mas o cancã dá o sinal.

Chegamos como habitantes, em qualquer ambiente, e vamos nos transformando em compartilhantes. No quilombo, somos compartilhantes, desde que tenhamos nascido aqui ou que tenhamos uma relação de pertencimento. E quando digo da relação de pertencimento com o quilombo, falo de uma relação com o ambiente como um todo, com os animais e as plantas. Somos apenas moradores quando não temos uma relação de pertencimento, quando estamos aqui, mas partimos na primeira possibilidade que tivermos.

Nasci e fui criado em uma encruzilhada de biomas, onde se encontram o semiárido, os cocais, a pré-Amazônia e, vez por outra, também alguns sinais do que se chama de Mata Atlântica. Quando nasci, havia ali uma grande ocupação territorial de pessoas afroconfluentes. Boa parte dessas pessoas compunham a minha família. As outras famílias também eram famílias afroconfluentes. Havia mais de dezoito engenhos de madeira de tração animal para a fabricação de rapadura que pertenciam ao povo afroconfluente. Não há indícios de que o povo desse território tenha sido escravizado.

Não temos essa memória das nossas gerações avó, bisavó ou tataravó. O meu tio-avô nasceu no século XIX. Isso significa dizer que o meu bisavô nasceu antes da Lei Áurea e que o meu tataravô nasceu muito antes da Lei Áurea. Nós nunca ouvimos falar em trabalho escravo na nossa família. E também não tivemos patrões.

    As nossas relações com as pessoas não afroconfluentes e não indígenas naquele território eram relações de respeito, correlações de forças equilibradas. Quando havia algum desequilíbrio, elas eram favoráveis a nós, porque detínhamos grande confluência de saberes. Sabíamos tudo o que era necessário para viver naquele ambiente. Nossa família plantava o que precisava, era mestra na agricultura e dominava o beneficiamento. Sabia fazer os equipamentos para o beneficiamento da mandioca, da cana e do álcool. Um povo que sabia disso tudo provavelmente não foi escravizado nem teve sua memória apagada como intencionavam e intencionam até hoje os eurocristãos colonialistas.

    Fui criado brincando de fazer o que os mais velhos faziam. Eles passavam o dia no engenho produzindo rapadura, melaço, batida e beneficiando a cana-de-açúcar com tração animal. Nós, crianças, fazíamos a mesma coisa, de brincadeira. Brincávamos de farinhada e moagem, de fabricar engenho e produzir, só que os nossos bois não eram bois vivos, eram bois artesanais. Eram frutos que podíamos aproveitar, madeira do mandacaru que esculpíamos. Brincávamos de ser adultos, de fazer o que os adultos faziam. E assim aprendíamos a fazer tudo. Mas também brincávamos nos festejos feitos a partir da arte local, da arte do nosso povo.

    Nas nossas comunidades, havia as pessoas que fabricavam instrumentos musicais e as pessoas que os tocavam. Alguns fabricavam e tocavam, outros cantavam. Nas festas, todos revezavam. As festas não eram mercadoria. Minha avó dizia que tinha a festa e tinha o furdunço. A festa era uma comemoração, um festejo, uma manifestação de alegria. E o furdunço era aquele movimento feito de forma oportunista para ganhar dinheiro, sem relação com a vida, sem autenticidade. Quando não se estava festejando nada, ela chamava de furdunço.

    O dinheiro não circulava no nosso ambiente. A comunidade era formada por grandes famílias e todas plantavam cana. Eram necessárias várias pessoas numa moagem. Quando a família não resolvia, o que se fazia? Se eu plantava cana e dez outros amigos plantavam cana, nos juntávamos. Numa semana tirávamos de um, na outra, do outro, e assim consecutivamente. Ninguém armazenava aquele produto, porque quando você estava moendo, eu pegava no seu engenho aquilo de que precisava. Quando eu estava moendo, você pegava no meu. Assim passávamos o verão. Só nas últimas moagens é que cada um guardava para o período de inverno, quando se parava de moer. Era um grande compartilhamento, não se falava em dinheiro. Era uma fartura.

    Havia várias brincadeiras. Pegavam-se galinhas do vizinho sem ele ver. Era bonito ver quem tinha a arte de pegar escondido. O meu pai, que era muito malandro, junto com três primos, desafiou quem seria capaz de roubar melancia na roça do avô sem ele descobrir. Todo mundo conhecia o rastro de todo mundo ali, pelos hábitos. Se alguém entrasse, o avô saberia com certeza. O avô era muito esperto, e eles chegaram à conclusão de que só poderiam roubá-lo se fosse na presença dele. Seria o único momento em que ele não desconfiaria. O avô estava trabalhando e eles chegaram, os quatro, mas um ficou de fora da roça. Dos que entraram, dois conversaram com o avô para distraí-lo e o terceiro pegou a melancia e passou para o que estava fora. Só precisavam de uma melancia para provar o roubo, como um troféu.

    O que pegou a melancia foi para uma cachoeira ali perto, o local combinado. Os outros, quando viram que o avô estava distraído, saíram festejando até chegar à cachoeira. Mas quando chegaram, o primo já tinha comido tudo, junto com outros amigos. Eles

roubaram o avô, mas o primo os roubou! O primo foi considerado o sujeito mais inteligente e astucioso.
Esse era o exercício de defesa que se praticava, porque poderia servir um dia em um ataque dos colonialistas. Serviria se os colonialistas chegassem, como chegou a Coluna Prestes uma vez.

Nos engenhos também treinávamos a defesa. O Jucá é uma das nossas mais belas defesas. Quando terminava o expediente, íamos treinar com as pessoas de outros engenhos. Treinávamos Jucá, brincadeiras de faca e defesas em geral. O engenho não era só engenho. O engenho de rapadura era tudo o que se pode explorar no processamento da cana em benefício das atividades. A rapadura servia também para alimentar os animais, a palha da cana era alimento. O trabalho no engenho era também uma maneira de aproveitar a lenha, aproveitar as cercas e aproveitar a sombra, porque na Caatinga, durante o inverno faz frio, mas durante o período em que não chove é muito quente.

No inverno íamos para a roça, mas durante o período sem chuva íamos para as casas de farinha e para os engenhos porque lá trabalhávamos na sombra. Passávamos dois meses na sombra, festejando. Nas casas de farinha não se ganhava dinheiro, assim como nos engenhos. Ganhava-se farinha, tapioca, massa, crueira.

As pessoas que não tinham cana plantada, mas sabiam fazer alguma coisa, iam trabalhar para ganhar rapadura, mel, vinagre, açúcar ou cachaça. Quem não tinha engenho ia para receber o que precisava. Todo mundo podia se abastecer.

As cidades estão nos quilombos. Belo Horizonte é que está no Quilombo Souza, no Quilombo Manzo ou no Quilombo de Luízes, por exemplo. Não são os quilombos que estão em Belo Horizonte. Nos quilombos onde está Minas Gerais estão as mais importantes expressões contracolonialistas compostas por nosso povo afroconfluente. Ali muito se preservou dos modos quilombolas e seus saberes orgânicos. Dos nossos modos de ver, de fazer, de sentir e viver. Em muitos outros quilombos onde estão outros estados, muitas práticas foram destruídas pelo Estado. Talvez a palavra não seja *destruídas*, mas precarizadas.

Aqui nos quilombos onde está o estado do Piauí, o beiju era uma das comidas mais apreciadas no café da manhã, assim como os bolos de tapioca, mas esses alimentos foram deixando de ser apreciados por conta da subdivulgação, do deboche que os colonialistas faziam ou da intervenção do Estado, por meio dos órgãos sanitários. Moro a cinco quilômetros da escola onde estudam a minha neta e os meus netos, mas não posso vender as cabras que criamos para a merenda escolar porque o município não tem um órgão de vigilância sanitária apropriado para fazer testes e aferir a qualidade do alimento. Como a carne que o meu neto ou a minha neta comem na minha casa, todos os dias, não serve para comerem na escola? Isso é uma inconsequência.

Nos quilombos onde está Minas Gerais, vemos que muitas comidas ainda são preservadas e os órgãos de defesa sanitária não tiveram força para destruí-las. Há uma estrutura mais ampla, sobretudo por conta das festas. Toda prática alimentar que se conecta com as festas se torna mais forte. Quando os modos alimentares se desconectam e se deslocam das festas, eles se enfraquecem.

O congado é uma defesa contra os colonialistas e tem a grandeza de manter todo um aparato, uma culinária, uma apreciação, uma degustação de comida que faz parte da festa. Sem aquela comida, a festa não pode existir – a festa preserva a comida e a comida preserva a festa. Assim acontece nos terreiros e em vários outros festejos. No caso do Piauí, os batuques e as comidas feitas nos batuques foram mantidos: as nossas festas são instrumento de defesa das nossas práticas alimentares, pois a festa é mais forte do que a Lei, o Estado não consegue quebrar os modos de vida quando eles estão envolvidos nas festas.

Não há festa sem comida nem comida sem festa, assim como não há comida sem plantio. As comidas típicas de cada festa acompanham o modo de vida compartilhado e o ciclo de plantio. No tempo da festa, quem não planta também tem acesso aos produtos. A comida alimenta o corpo e alimenta a alma – a comida para nós não é só comida. O feijão que sai do supermercado e vai para as nossas festas passa a ser outro produto, incorporando outras vidas, outros espíritos. Não é mais aquele feijão, passa a ser outra coisa.

Não fizemos os quilombos sozinhos. Para que fizéssemos os quilombos, foi preciso trazer os nossos saberes de África, mas os povos indígenas daqui nos disseram que o que lá funcionava de um jeito, aqui funcionava de outro. Nessa confluência de saberes, formamos os quilombos, inventados pelos povos afroconfluentes, em conversa com os povos indígenas. No dia em que os quilombos perderem o medo das favelas, que as favelas confiarem nos quilombos e se juntarem às aldeias, todos em confluência, o asfalto vai derreter!

Os territórios de quilombos onde as cidades estão são lugares onde deveriam acontecer feiras, mas não apenas como as lojas onde você compra e depois vai embora. Feiras no entendimento de como elas são feitas na Caatinga ou no Sertão, onde a maioria das pessoas chega de manhã e só vai embora no final do dia. Há os que compram, os que vendem, os que emprestam, os que trocam e aqueles que vão só para ter notícias da comunidade, encontrar os amigos e tomar uma cachaça. Toda feira que se preze tem que ter também um cabarezinho, um espaço de boemia, de paquera, namoro e dança. As pessoas que frequentam os cabarés dançam muito bem; eles são o lugar onde se aprende a dançar e a paquerar, um lugar para viver afetos.

Para que espaços assim aconteçam, é preciso que as favelas avancem nos processos de composição. Numa feira na favela, as pessoas poderiam ir para conversar sobre o comportamento da polícia, para combinar coisas e fazer articulações, para estruturar e compartilhar as suas defesas. As favelas precisam piratear tecnologias, montar as suas fábricas clandestinas de bicicletas. Montam, a polícia vai tomar, e então montam de novo. Está na hora de fazer confusão, roubar e quebrar patentes! É preciso que as favelas tenham os próprios produtos, e a China é uma grande referência. Não seria possível termos celulares se os chineses não tivessem quebrado as patentes dos celulares. Eu não teria condição de me comunicar hoje; faço isso graças à pirataria. A favela precisa se especializar na pirataria de tudo o que for possível, a partir da tecnologia e da sabedoria do nosso povo.

Existem modos de vida fora da colonização, mas política, não. Toda política é um instrumento colonialista, porque a política diz respeito à gestão da vida alheia. Política não é autogestão. A política é produzida por um grupo que se entende iluminado e que, por isso, tem que ser protagonista da vida alheia. A democracia é uma coisa eminentemente humana. Os outros seres, os outros viventes no mundo, não exercitam esse movimento. Eles não têm vidas parecidas com isso. Os bois, os porcos, as galinhas, os pássaros não têm essa estrutura de gestão. A gestão deles é outra. Só os humanos têm essa estrutura em que um vive para gerir a vida do outro verticalmente, para defender o direito dos outros. Entre as outras vidas, cada um se defende de forma segmentada para defender o território de forma integrada.

Uma pessoa, entretanto, quer governar 200 milhões de outras pessoas. Como ela poderia, se não chega a conhecer nem duas mil pessoas? Como governar quem não se conhece? Dentro do reino animal, só existe política na espécie humana. Nas outras espécies, existe a autogestão. Não existe um grupo de cabras que quer governar todos os rebanhos. Cada grupo de cabras forma seu rebanho. Cada grupo de porcos forma seu rebanho. Os animais vivem em rebanhos, em grupamentos dentro da mesma espécie. Nem todos os caititus querem viver no mesmo bando, há vários bandos de caititu.

 Quando um enxame de abelhas está grande demais, sai uma rainha e constrói outro enxame. Quando uma casa de marimbondos está grande demais, eles fazem uma nova casa. Quando um formigueiro está grande demais, as formigas fazem outro formigueiro. Por que não aprendemos que, na autogestão, o grupo tem que ser do tamanho necessário para se autogestionar? Um terreiro de umbanda ou uma casa de candomblé não querem receber o mundo todo, não querem que toda a cidade vá para lá, só querem que uma parte do povo vá. Quando ficam grandes demais, fazem outra casa. Eles só querem aqueles que dão conta de receber.

 No começo da pandemia de covid-19, alguns setores da sociedade fizeram alarde: "Os quilombolas vão morrer, os indígenas vão morrer, eles vão morrer primeiro porque são os mais fragilizados". Inventaram que somos os mais fragilizados. Estou num quilombo que tem mais de cem famílias e estamos a cinco quilômetros da cidade. Os quilombos não têm grandes aglomerações. Moramos distanciados, nos visitamos, mas não em grande quantidade de pessoas. Vamos para a roça todos os dias. Lá, somos nós e a mata. Aqui, fazemos autogestão. Temos uma associação, mas ela só serve para nos relacionarmos com o Estado – tanto é que ninguém tem interesse em ser presidente. A nossa gestão é feita nos mutirões, nos velórios, nas festas, nos aniversários, nas missas, nos terreiros, nas roças. Apareceu um problema, resolvemos na hora. Já o povo da política se reunia em Brasília para resolver o problema da pandemia na Amazônia. Enquanto isso, o povo morria sem oxigênio, porque quem resolve está em Brasília.

A política é eurocristã monoteísta e a cosmopolítica também é uma invenção eurocristã. Nós quilombolas, porém, não temos política, temos modos de vida. Não fazemos assembleias para resolver nossas questões, temos discussões nas quais brigamos até nos entendermos. Depois, bebemos cachaça para comemorar.

O nosso movimento é o movimento da transfluência. Transfluindo somos começo, meio e começo. Porque a gente transflui, conflui e transflui. Conflui, transflui e conflui. A ordem pode ser qualquer uma. Para nós, o conteúdo determina a forma e a forma determina o conteúdo. Se eu sair procurando um sapato que sirva no meu pé, então o meu pé é a forma e o sapato é o conteúdo. O sapato é que tem que se encaixar no formato do meu pé. Mas se, como os povos sintéticos, eu sair procurando um pé adequado para um sapato, se tenho um sapato à procura de um pé, o pé é o conteúdo, e o sapato é a forma.

Os colonialistas, povos sintéticos, são lineares e não transfluem, eles apenas refluem, porque são o povo do transporte. Para eles, o pé é o conteúdo e o sapato é a forma, e ponto final. Não conseguem compreender o sapato como conteúdo e o pé como forma, porque vão responder que o pé está dentro do sapato. Ora, não é bem assim. O meu pé determina o tamanho de um sapato, não é um sapato que determina o tamanho de um pé. Os eurocristãos colonialistas só podem ir e refluir, porque não circulam, como nós. O transporte vai e volta, em linha reta.

Já no sistema cosmológico, não há refluência. A água não reflui, ela transflui e, por transfluir, chega ao lugar de onde partiu, na circularidade. Ou seja, ela vai na correnteza, encontra outras águas, fortalece-se na correnteza, mas ao mesmo tempo evapora, percorre outro espaço, em forma de nuvem, e chove. A chuva vai para outros lados, mas também volta para as nascentes. As nascentes saem do Cerrado e vão confluindo. Confluindo e transfluindo, elas também evaporam e retornam em forma de chuva. Elas não vêm pelo mesmo percurso, caminho ou curso. Elas vêm na circularidade. Transfluem e confluem, mas não refluem. Só no transporte é possível refluir: você pode ir e voltar. A refluência só existe na linearidade. Quando não há circularidade, você vai ter que voltar por onde você foi. Na transfluência não há volta, porque ela é circular. Ao mesmo tempo que algo vai, fica; ao mesmo tempo que fica, vai – sem se desconectar.

Tínhamos uma brincadeira que dizia que o rei perguntou para um sábio: "Onde é o fim do mundo?". O sábio colocou o calcanhar no chão, dobrou os dedos, transformou o pé em um compasso, fez um círculo e disse: "O fim do mundo é aqui, onde ficou meu calcanhar, porque o mundo é redondo". E o rei perguntou: "E o começo do mundo?". "É aqui também", ele respondeu. Aqui é o fim e aqui é o começo, depende de quem está se posicionando. Nós entendemos o Norte ou o Sul de maneira diferente de quem trabalha com a linearidade e com a verticalidade. Para nós, há o lado do sol nascente e o lado do sol poente. O lado em que nasce a lua, o lado de onde o vento vem, o lado para onde o vento vai.

No tempo em que eu estudava, diziam: fica em pé, abre os braços. Para o lado de seu braço direito está o Leste, para o lado do esquerdo está o Oeste, às suas costas está o Sul... Enfim, era uma maneira de nos orientarmos. Ora, se o lugar onde estou é um ponto de referência, para a frente de onde estou é o Norte, para trás de onde estou é o Sul. Mas se eu caminhar para a frente, este lugar vai passar a ser Sul. Se eu for para trás, este lugar vai passar a ser Norte. Então Norte ou Sul dependem de onde estou.

Até hoje, tivemos um processo de colonialismo potente e bem articulado, que usou a política com todas as suas nuances. Agora, entretanto, está acontecendo algo interessante. Os seres estão começando a falar em autogestão. Estamos em um momento muito especial. Falamos de cosmologia em vez de falar de teoria ou ideologia. Falamos de território, em vez de falar de fábrica. Falamos de aldeia, quilombo e terreiro, em vez de espaço de trabalho. O mundo do trabalho não é mais o mundo em debate, não está mais impondo a pauta, está sendo substituído pelo mundo do saber, pelo mundo do viver.

Neste momento, não temos que nos preocupar com os políticos, temos que nos preocupar com a geração futura. Uma vez, fui para a cidade pedalando com minha neta de nove anos. Ela vinha me dizendo: "Vô, minha bicicleta é melhor do que a sua! Eu pedalo mais do que o senhor!". De fato, a bicicleta dela é melhor, e de fato ela pedala mais! Mas ainda assim, ela sente medo quando passa um carro. Ela tem a energia, a velocidade e a habilidade, e eu tenho a minha experiência. Íamos confluindo, confluenciando.

Prefiro não falar em sonhos, mas em imaginários, pois os sonhos acabam quando acordamos. Nos meus imaginários estou na retaguarda, confluenciando na condição de suporte da geração neta. Se conseguir continuar dialogando com a geração neta, estou bem. Porque não compensa gastar energia com o povo da política, que já está sintetizado. Vamos cuidar da geração neta porque ela é o futuro. Ela é o presente e o futuro, e nós estamos aqui para dialogar. O presente é o interlocutor do passado e o locutor do futuro. Temos que nos defender desta geração sintética e contribuir para que a nova geração também saiba se defender.

O grande debate hoje é o debate decolonial, que só consigo compreender como a depressão do colonialismo, como a sua deterioração. Compreendo o sufixo "de" como isso: depressão, deterioração, decomposição. Cabe às pessoas decoloniais, em qualquer lugar do mundo, educar sua geração neta para que não ataque a minha geração neta. Elas só são necessárias se fizerem isso, porque é isso o que é necessário fazer. E a nós, contracolonialistas, cabe inspirar a nossa geração neta para que ela se defenda da geração neta dos decoloniais e dos colonialistas. Porque sempre é importante se defender, mas não é necessário atacar agora. Não precisamos destruir os colonialistas. Deixemos que vivam, desde que vivam com o sol deles e não venham roubar o nosso sol ou o nosso vento.

    O mundo é grande e tem lugar para todo mundo. O mundo é redondo exatamente para as pessoas não se atropelarem.

arquitetura e contracolonialismo

"Nós nas aldeias e vocês nos quilombos fazemos uns caminhos que às vezes não têm nem um metro de largura. E por esses caminhos passam os animais, as onças, os tatus, as pessoas. Todos os viventes do ambiente passam por esses caminhos sem conflito, sem se atacarem. Chegam os colonialistas, porém, e alargam esses caminhos, fazem eles com seis metros, e aí só passa carro. Não passa mais gente, não passa mais porco nem onça. Como é que nos nossos caminhos, que têm apenas um metro, cabe de tudo, e nos deles, que têm seis metros, só cabe um carro?", me perguntou certa vez uma indígena.

Os indígenas viviam no Brasil em um sistema de cosmologia politeísta. Viviam integrados cosmologicamente, não viviam humanisticamente. Chegaram então os portugueses com as suas humanidades, e tentaram aplicá-las às cosmologias dos nossos povos. Não funcionou. Surgiu assim o contracolonialismo. O contracolonialismo é simples: é você querer me colonizar e eu não aceitar que você me colonize, é eu me defender. O contracolonialismo é um modo de vida diferente do colonialismo.

O contracolonialismo praticado pelos africanos vem desde a África. É um modo de vida que ninguém tinha nomeado. Podemos falar do modo de vida indígena, do modo de vida quilombola, do modo de vida banto, do modo de vida iorubá. Seria simples dizer assim. Mas se dissermos assim, não enfraqueceremos o colonialismo. Trouxemos a palavra contracolonialismo para enfraquecer o colonialismo. Já que o referencial de um extremo é o outro, tomamos o próprio colonialismo. Criamos um antídoto: estamos tirando o veneno do colonialismo para transformá-lo em antídoto contra ele próprio.

Fui convidado por compartilhantes do Complexo da Maré, no Rio de Janeiro, para discutir as relações entre o modo de morar no quilombo e o modo de morar na favela. Fui apresentado à Maré e ela foi apresentada a mim. Tive conversas muito boas com várias instâncias da Maré. Discutimos o que aconteceu nas políticas do Minha Casa, Minha Vida.

Qual é a parte mais necessária de uma casa no quilombo? É o quintal. Na verdade, são várias; a cozinha é necessária também, todo mundo chega pela cozinha. Mas o quintal é essencial porque é onde as crianças aprendem a fazer tudo. É também onde guardamos espaço para construir a casa de quem vai nascer, as casas das próximas gerações. Na casa da minha filha, por exemplo, há espaço para fazer a casa do filho dela. Nossas casas são pensadas com espaço para fazer outras casas.

Se o quintal é essencial no quilombo, qual é a parte mais necessária de uma casa na favela? É a laje. A primeira laje é para o primeiro filho ou primeira filha que se casa, e a segunda laje é para fazer as festas. O que fez, porém, o Minha Casa, Minha Vida? Chegou às favelas e tirou as lajes das casas, sua parte mais necessária. Veio para os quilombos e construiu casas sem quintal, tirou o quintal das casas, sua parte mais necessária.

O Minha Casa, Minha Vida é o programa mais colonialista nas políticas de habitação. Foi um ataque brutal, violento, perverso, racista, institucionalmente colonialista. É melhor falar *colonialismo* do que *racismo*, porque alterar a arquitetura, subjugar ou proibir a arquitetura existente é mais do que racismo. Por que não levaram em consideração a arquitetura do povo da favela?

Cada moradia deveria ser arquitetada com material local, essa é uma primeira grande questão. Todo bioma, todo ambiente, todo lugar nos oferta as condições para viver ali. Se estou nos cocais, posso usar palha das palmeiras para fazer o teto das casas e para forrar as paredes. Se não quiser usar as palhas, posso usar as varas, posso forrar o interior com esteiras, posso também fazer paredes de taipa. Posso fazer minha casa na Caatinga usando apenas o material da Caatinga; posso fazer minha casa no Cerrado usando o material de Cerrado.

Nos quilombos fazemos isso. No Cerrado, as casas são cobertas com palha de buriti, palha de babaçu, palha de piaçava ou de outras palmeiras. Na Caatinga, antigamente as casas eram cobertas com palha de carnaúba, com as cascas de algumas árvores ou mesmo com telhas feitas de argila, na coxa, assadas no forno com a lenha seca da Caatinga. A Caatinga oferece muita lenha seca, nem precisávamos cortar. As casas eram feitas de tijolos crus ou pau-a-pique, pedra, barro e madeira. Nos cocais, as casas eram feitas de pau-a-pique, taipa ou chão batido, com o teto de palha e as portas de vara de coco babaçu – eram portas lindas. Quando eu era criança, fazíamos muitas portas de vara de coco babaçu, mas hoje as minhas portas são de ferro. Estou longe dos cocais e com uma saudade enorme das portas de vara! No Cerrado, a mesma coisa: as pessoas usavam portas, mesas, cadeiras e camas de talo de buriti. Havia uma diversidade arquitetônica sem medida.

Para nós, a moradia é o lugar onde vamos passar a maior parte das nossas vidas. A casa tem que ser uma parte dos nossos corpos, temos que suar naquele material, temos que sentir nosso cheiro em nossa casa. A arquitetura colonialista, uma arquitetura sintética, não nos permite isso. As pessoas precisam fazer casas com as paredes lisinhas, lineares e planas.

Ela elimina a arte, pois é um saber mecanizado, não é artesanal, não tem vida.

    Nas cidades, como os terrenos são pequenos, estreitos e compridos, as casas também são feitas de forma longitudinal. São feitas com a cumeeira, a parte mais alta, na direção da rua e as partes mais baixas, na direção dos terrenos vizinhos. As portas são feitas nos lados da cumeeira e as janelas são feitas nos lados mais baixos. Assim, quando chove, as águas caem de um lado e de outro da janela. Já na maioria das casas do quilombo, a queda-d'água é na direção da porta. O Minha Casa, Minha Vida, no entanto, faz a queda-d'água na direção da janela. São casas que não têm espaço nem territorialidade. São casas compridas. Quanto mais você faz casas, menos espaço você tem. É diferente da casa pensada na transversal, na qual a água cai por cima da porta, me deixando aumentar a casa para a esquerda e para a direita, para a frente ou para trás, sem precisar de um corredor.

    Nas nossas casas, a porta fica na parte mais baixa, e não na cumeeira. A janela muitas vezes fica ao lado da porta. Fazemos a sala, um vão no meio, e um vão para um lado e para o outro, de forma que não precisamos de corredor. Você pode aumentar a casa para qualquer lado que quiser, é uma casa geralmente grande, espaçosa e aconchegante. Com um quarto de um lado, um quarto do outro, a sala no meio e a cozinha emendada na sala – outra coisa muito valiosa.

Na arquitetura quilombola, a cozinha é o espaço mais amplo. É um espaço de recepção. Quem chega vai para a cozinha. Nos quilombos, apesar de não parecer, quanto mais as mulheres estão na cozinha, mais elas têm poder. Quando estão cozinhando, elas não estão sozinhas: quem chega à cozinha ajuda a cozinhar. Elas coordenam aquele espaço. Pegam uma abóbora e alguém diz: "Deixa que eu corto a abóbora!". Elas pegam um cheiro-verde e alguém fala: "Deixa que eu faço a salada!". Elas não dizem para ninguém fazer nada, vão iniciando a feitura e as pessoas vão tomando conta, vão jogando conversa fora. Os homens vão chegando e mostrando suas oficinas, seus trabalhos, sua roça... O grande momento da festa é a comida: é ela que agrega todo mundo. E é quem cozinhou que coordena aquele grande momento. Ao contrário do que se pensa, não se trata de uma atividade cansativa, cozinhar só é cansativo quando alguém cozinha sozinho para servir a todos. Num clima de festa, cozinhar não é cansativo.

A cozinha é o melhor lugar na arquitetura quilombola, o mais necessário e bem cuidado. Se alguém chegar à minha casa e ficar na sala, ninguém vai receber essa pessoa na sala. Não existe isso para nós, todo mundo vai para a cozinha! A arquitetura é pensada também em função da comida. A comida organiza a festa, organiza a recepção, tudo se organiza em torno da comida. Quando fazemos arquitetura, pensamos na comida e na festa, nas formas compartilhadas de vida.

Na favela, a construção de uma laje acontece de forma parecida. Uma parte das pessoas vai fazer a comida, outra parte vai fazer o concreto, todo mundo faz alguma coisa. A laje é isso: você vai na favela no final de semana e todo mundo quer fazer um churrasco na laje. A comida para nós é uma parte necessária, nunca lidamos com ela de maneira mesquinha. Às vezes, quando chegamos em alguns apartamentos do povo eurocristão monoteísta, percebemos que a comida é tratada como uma coisa proibida. Chegam até a esconder a comida das visitas! "Ele vem só para comer, parece que vive morto de fome, que não come em casa ou que não sabe que o custo de vida está alto!" Já para nós, é justamente o contrário: "Ele veio e nem comeu? Eu fiz uma galinha e ele não aceitou?". É uma desfeita se a pessoa vem à nossa casa e não aceita a nossa comida.

No tempo em que fui criado, as cercas eram todas de madeira. Quando fazíamos uma roça e começávamos a derriba ou a derruba, tirávamos a matinha mais fina, mais rala, que não servia nem para lenha, e colocávamos para secar. Aquelas varas serviam para fazer as cercas. Cortávamos as pontas para separá-las das folhas, para não impedir que o fogo penetrasse nas ramas secas que queríamos queimar. Quando encontrávamos uma madeira de lei, aquela que aguenta muito tempo no chão (aroeira, jatobá, candeia, angico, madeiras da Caatinga), separávamos logo para que ela não pegasse muito fogo, só sapecasse. Íamos separando também a madeira que servia para serrar, para fazer tábuas, e lembrando se alguém ia se casar no próximo ano: "Vamos perguntar se ele está precisando de madeira para fazer porta, banco, para fazer os móveis". Se estivesse precisando, era só ir buscar. Nós tínhamos muito cuidado na separação das madeiras.

Quando íamos andando pelas matas, desde criança íamos marcando os lugares onde faríamos nossas casas, e uma das primeiras condições era ter sombra. Marcávamos perto de uma árvore muito frondosa, porque ali haveria sombra garantida, ou observávamos o sol nascente e o sol poente para entender o caminho do sol, de forma a colocar a casa numa posição que à tarde ou pela manhã tivesse sombra. Precisamos olhar os astros e garantir uma sombra, já que vivemos na Caatinga. A questão dos ventos também é fundamental:

é preciso pensar de que lado vamos colocar a porta, se vamos ter muita poeira ou não, se vai ventilar para não termos muito calor. Tudo isso é questão de relacionamento com a natureza.

No terreiro, íamos ver os astros, porque no início da noite é importante ver a lua – se ela está nova, crescente ou pendendo – e ver as estrelas. A casa é feita pela localização do terreno, pela localização das portas e janelas e pela localização da lua. A casa é tudo isso. Você demarca a sua casa na terra, mas demarca a sua casa também nos astros, para se posicionar dentro de uma relação cosmológica. A que distância está da sua roça, a que distância está das estradas, a que distância está do vizinho.

Existem dois tipos de vizinho. Primeiro, os vizinhos que são irmãos, que moram mais próximos, que conseguem escutar o movimento da casa do outro: "Se algo estranho acontecer na casa do meu irmão, eu tenho que ouvir daqui". Depois, aqueles que não são irmãos e devem estar pelo menos à distância de um grito. Na época em que não havia telefone, essa era uma distância boa para que a pessoa ouvisse um pedido de socorro, um chamado de festa... ou para que quando nascesse uma criança, o som dos foguetes chegasse ao maior número possível de vizinhos.

No debate sobre o asfalto e a favela, costumam dizer que vivemos isolados nas favelas e nos quilombos. Dizemos, então, que as pessoas estão isoladas nos Alphavilles, mas com uma diferença muito valorosa, e lançamos uma provocação em forma de desafio: que tal o povo dos Alphavilles viver apenas com o que está nos Alphavilles, sem precisar de nada de fora, e que tal nós nos quilombos vivermos apenas com o que está nos quilombos? O povo dos Alphavilles diz que somos pobres e eles é que têm recursos, mas quem será que vai ter condições de viver por mais tempo, nós ou o povo dos Alphavilles?

Dizem também que existem milícias e crime organizado nas favelas e nos quilombos. O que nós dizemos é que existe milícia nos Alphavilles, a diferença é que a milícia dos Alphavilles é legalizada e institucionalizada, e tem muito mais armas do que a milícia de favela. O que se chama de segurança privada é uma milícia. Quem mais compõe as milícias nas favelas são militares – aposentados, reformados ou até da ativa. E de quem são as empresas de segurança privada? São de militares. Os militares são a maior indústria de violência que existe na sociedade colonialista, porque recebem da sociedade para impedir a violência, recebem da classe média dos Alphavilles para impedir a violência, e recebem do povo da favela para impedir a violência!

Quem tem mais ética? As quadrilhas de assaltantes ou as quadrilhas de militares? As quadrilhas de militares recebem da sociedade para impedir os assaltos, e as quadrilhas de assaltantes são remuneradas quando fazem os assaltos. Há um grupo que é remunerado para assaltar e um grupo que é remunerado para impedir o assalto, e qual é a diferença? O grupo que é remunerado para assaltar só recebe a sua remuneração quando executa a ação – assaltante que não assalta não recebe –, mas a polícia que recebe para impedir o assalto, recebe sem impedir. Ora, a cada vez que acontece um assalto, a polícia deveria devolver o produto do assalto para a vítima, porque ela recebe para impedir o assalto. Se ela não impede o assalto e recebe mesmo assim, ela está recebendo por um serviço não prestado. Que nome se pode dar a isso? E por que a classe média festeja, fica gritando pela polícia? Como é que alguém se vangloria de sustentar uma polícia que ganha para impedir o assalto e ganha para viabilizar o assalto? Esse é um debate que precisa ser feito com urgência. É preciso discutir as políticas de segurança pública.

Se alguém me pergunta se nossos livros estão chegando aos quilombos, respondo que eles não são feitos para os quilombos, eles saíram dos quilombos e têm que chegar aos Alphavilles! Chegar às universidades e aos shoppings. No quilombo, somos da oralidade, compomos o nosso saber nos bares de ponta de rua. É no bar de ponta de rua que fazemos esse tipo de comparação, é ali que rimos quando passa um carro todo poderoso e fecha os vidros com medo: "Coitado, além de preso no Alphaville, ainda é preso quando está na rua e vê a gente!". Somos as pessoas que prendem sem precisar de algema ou chave, só com a aparência. Essa comparação nós fazemos nos bares, nos velórios, nas pescarias, quando estamos só entre nós. Se eles estão falando de nós, vamos falar um pouco deles também.

Depois que chegaram os parques de energia eólica e de energia solar e as linhas de transmissão – o chamado desenvolvimento –, chegou também a violência. Moro a cinco quilômetros de uma cidade onde tudo mudou com a vinda desses outros modos de vida. Mesmo assim, ainda consigo deixar minha moto na calçada quando chego tarde em casa, para guardá-la só no dia seguinte. Ainda posso dormir nas praças da cidade, uma cidade de vinte mil habitantes, onde é comum chegar uma pessoa e perguntar se estou bem ou se quero que ela me leve para casa. Essa é uma relação que nos Alphavilles não existe, ainda há compartilhamento entre nós.

Há também o compartilhamento forçado nas grandes cidades. Às vezes existe uma pessoa que tem condições de ter mais de um celular e que anda displicentemente com o celular na mão, e aí vem um menino e pega o celular. Isso é um compartilhamento forçado, mas não deixa de ser um compartilhamento. O menino sabe que aquela pessoa pode comprar outro celular ou, se não pode, que já o usou por um bom tempo, e agora ele está precisando usar também.

Não interessa se na favela tem assaltante, se na favela tem milícia, o que interessa para nós é saber se na favela tem gente. E se essa gente se comunica conosco. Eu não sou polícia, não preciso saber se a pessoa é assaltante ou não é assaltante, se a pessoa é honesta ou desonesta. O que é muito mais interessante é pensar como vamos cuidar de outra vida quando ela está precisando de cuidado.

No Piauí, o Programa Fome Zero foi lançado – vejam a perversidade do colonialismo – em dois municípios: um chamava-se Guaribas e o outro Acauã. Chegaram em Guaribas de helicóptero, porque não havia lugar para pousar avião nem como chegar facilmente de carro. O povo do município queria que asfaltassem a estrada que ia até a cidade de Caracóis, a menos de cem quilômetros, e que era um areão sem medida.

O guariba é um macaco discriminado: é um macaco que grita demais, que caga demais, ninguém gosta do macaco guariba. Inclusive, é um dos macacos que o povo mais mata para comer. Ninguém gosta dele, mas o macaco guariba é um dos macacos mais geniais: quando o ser humano aponta a espingarda para ele, ele pega o filhinho e põe na frente, mostrando para o ser humano que está amamentando. Ele faz isso! E quando o ser humano atira, ele tira uma folha e bota em cima, para tentar parar o sangue. Ele conhece a técnica de estancar o sangue com uma folha, mas mesmo assim o ser humano atira de novo e mata.

    Guaribas foi considerado o município mais pobre do Brasil porque não tinha restaurante nem hotel. Mas Guaribas não tinha restaurante nem hotel porque restaurante e hotel são lugares de gente pobre. Gente rica não precisa de restaurante e hotel, porque recebemos as pessoas em nossas casas. O povo de Guaribas recebia as pessoas em suas casas, não em restaurantes.

    Quando cheguei ao Rio de Janeiro, não conhecia restaurantes, hotéis ou lanchonetes. Isso não fazia parte da minha vida. Sabia o que era cozinha. E lugar para dormir era a casa que estava visitando. Na maioria dos municípios do estado do Piauí, até 1992 raramente se encontrava um hotel ou um restaurante. Onde então se vendia comida nesses municípios? Nas feiras. Nos dias de feira, vinham pessoas que faziam comida para aqueles que chegavam de fora. Não era para o povo do município, era para os caixeiros viajantes, os donos de banca... As pessoas sempre tinham parentes na cidade e iam comer na casa dos parentes. A gente debochava quando uma pessoa da feira oferecia comida para quem era do mesmo município. "Quando você foi à minha casa eu não te vendi comida, por que você vai me vender?"

Quando o povo da cidade ia para as comunidades, não comprava comida, e quando íamos à cidade, comíamos na casa deles. Como sabíamos que as pessoas da cidade quase nunca tinham roça, levávamos (e ainda levamos) o que preparar. Temos um encontro de terreiro de umbanda no Quilombo Costaneira, no município de Paquetá, no Piauí. Um dos mestres marca o encontro e o povo chega dois dias antes trazendo arroz, feijão, milho, tapioca, farinha, carne-seca, rapadura e ovos. Cada um traz o que tem ou o que pode e entrega na cozinha, que é grande e tem gente para receber. E tem também aqueles que só ajudam a preparar, de forma que todo mundo come, todo mundo bebe e não precisa ter restaurante. A comida de restaurante nunca é uma comida tão boa, às vezes é fria ou requentada, às vezes até estragada. Não confiamos em comida vendida, toda comida vendida é perigosa. Por que o povo da humanidade precisa de restaurante? Porque eles têm medo de receber pessoas em suas casas, eles têm medo de gente! Os humanos têm medo de si. Isso é cosmofobia.

    Quando o governo federal chegou a Guaribas, poderiam ter perguntado ao povo o que o povo queria – se é que o povo queria algo. Por que não perguntaram? Em São Raimundo Nonato, a cem quilômetros de Canto do Buriti, plantava-se mamona. É um dos lugares que historicamente tiveram a maior prática de cultivo de mamona. Se queriam plantar mamona para fazer biodiesel, podiam ter perguntado para esse povo como é que se planta! Mas não, foram para um lugar onde não se plantava mamona. Passaram-se vários governos até que Guaribas tivesse uma estrada asfaltada. Era o que o povo mais queria, mas demoraram para fazer. Antes, fizeram quadra de voleibol e de basquetebol – por mais que lá não se jogasse voleibol nem basquetebol. Fizeram um hotel. O hotel e as quadras estão abandonados, tudo foi rejeitado.

    Quem normalmente compõe os ministérios do Desenvolvimento Agrário? Prioritariamente o povo do Sul. Não há povos da Caatinga numa proporção respeitosa. O que vale para eles sobre assessoria técnica não é o que vale para nós. Como poderiam prestar assessoria técnica para quem cria solto, se eles criam preso? Como

arquitetura e contracolonialismo

poderiam prestar assessoria técnica para quem planta cercado, se eles plantam solto?

    Estou ao lado do Parque Nacional da Serra da Capivara e do outro lado está o Quilombo Lagoas, com mais de 1.500 famílias, cerca de 10 mil pessoas. São aproximadamente 70 mil hectares, o que não é nada se dividirmos por 1.500 famílias, mas o governo disse que os quilombolas têm terra demais e concedeu licença para uma mineradora dentro desse território, sem cumprir os protocolos nacionais e internacionais de consulta prévia. Na prática, não há grande diferença entre gestões de esquerda e de direita. O Estado é um ambiente colonialista. Um ambiente colonialista e abstrato.

    Não existe governo bom para Estado ruim. Assim como não existe motorista bom para carro ruim, ou maquinista bom para trem ruim. Qualquer governo que governar este Estado será um governo colonialista, porque o Estado é colonialista. Quem anda numa bicicleta é ciclista, mas quem anda num carro é motorista, é chofer. Ser colonialista é como ser adestrador de bois. Qualquer governo de um Estado colonialista será um governo colonialista. É preciso contracolonizar a estrutura organizativa.

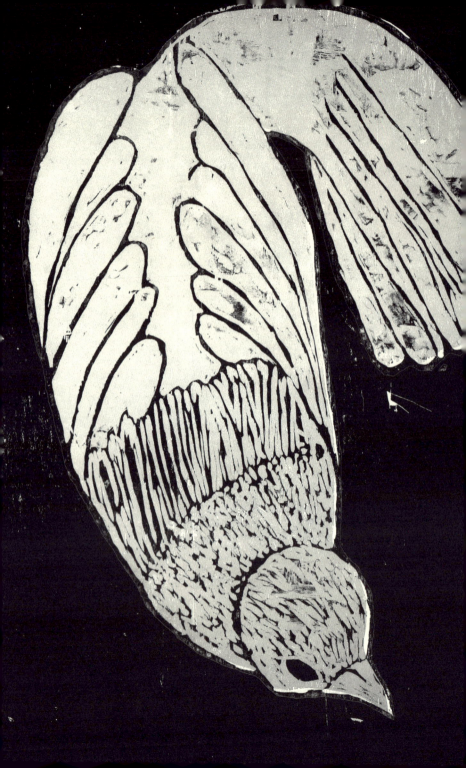

colonialismo de submissão

A Caatinga é um ambiente riquíssimo, muito vivo. Todas as plantas da Caatinga são alimentícias, medicinais e forrageiras. Todas as plantas são necessárias, não tem uma que não seja. Gafavera, aroeira e juá são folhas secas mais ricas em proteínas do que soja ou milho. Por que vemos as plantas da Caatinga sem nenhuma folha e os animais gordos? Por que os animais silvestres vivem – e bem – na Caatinga? Porque as plantas são muito ricas. Os governantes eurocristãos, os nossos políticos que vivem na Caatinga, porém, escondem isso. Só falam das coisas negativas da Caatinga – que aqui tem fome, que o inverno não é suficiente para cultivar o feijão, o arroz ou o milho.

Onde vivo temos uma grande produção de umbu. Tudo o que se faz com umbu, se faz com uva. Ou melhor, tudo o que se faz com uva, se faz com umbu. No Piauí já tivemos o Festival da Uva, mas não tivemos o Festival do Umbu. A cajuína, que é um refrigerante maravilhoso, de açúcar natural, patrimônio histórico e cultural do povo piauiense, não tem um festival dedicado a ela nas proporções do Festival da Uva. Os políticos têm vontade de agradar o povo do Sul e do Sudeste, para poderem se achar mais próximos deles.

Temos o colonialismo universal, mas temos também o colonialismo de submissão. É aquele colonialismo que é dos submetidos, dos subservientes. Querem combater a Caatinga, como se a Caatinga fosse algo ruim. Os governantes nordestinos ficam com um pires no Sul pedindo dinheiro para combater a Caatinga. É isso o que chamo de colonialismo de submissão. É o colonialista submisso aos outros colonialistas, da mesma forma que outros colonialistas brasileiros são submissos aos colonialistas dos países do Norte.

  Minha mãe passou para a ancestralidade aos 84 anos e nunca precisou sair da Caatinga. Temos pessoas ainda vivas com mais de 100 anos que nunca precisaram sair da Caatinga. Como podem dizer que a Caatinga não é um lugar bom para viver? Os políticos que vivem aqui são habitantes, moradores da Caatinga, mas não são o povo da Caatinga, não são compartilhantes, não são caatingueiros. Para que comemos pão de trigo se a Caatinga dá milho? Temos que comer pão de milho. Quando der mandioca, temos que comer beiju ou mingau de farinha. Não precisamos substituir a alimentação daqui por produtos do Sudeste, por conta do colonialismo de submissão.

  Quando nasci, tínhamos provavelmente dois terços da população dita humana morando no que se chama de meio rural - morando no campo, na linguagem colonialista. Naquele tempo, o que produzíamos no campo, o que extraíamos e o que lavrávamos da terra era suficiente para nos alimentar. E o que sobrava era suficiente para alimentar quem estava na cidade, pois as cidades também eram pequenas. E como mais de dois terços da população se autoalimentava, era simples abastecer o outro terço. O transporte para a cidade podia ser feito por tração animal. Precisávamos levar o necessário para um terço da população e trazer quase nada, porque lavrávamos quase tudo. O transporte animal era resolutivo, não precisávamos de carros, a não ser carros de boi para transportar as coisas muito pesadas que os animais ou nós mesmos não éramos capazes de levar. O nosso transporte usava sempre energia orgânica.

Eu ia para a escola a pé, andava cerca de nove quilômetros. Estudava à noite e ia para a roça no meio do dia. Ia correndo, não dava tempo para fazer muitas coisas, mas, às vezes, quando passava por um pé de pequi, colhia os pequis e levava para parentes na cidade. Colhia frutas no caminho para casa, me alimentava, brincava, *passarinhava*, tomava banho de riacho. Minha vida era um paraíso: aquilo não era trabalhar, era viver. Íamos vivendo – não precisávamos ter planejamento, só confluências.

Quando o agronegócio chegou por aqui, nos disseram para não consumir boa parte dos frutos que costumávamos consumir. Tudo aquilo que não era mercadoria era ruim, só o que era mercadoria prestava. Fruta, naquela época, não era algo que se comprava na feira. A minha avó dizia que quem vende melancia, vende mijo. Nosso povo tinha vergonha de vender melancia, manga, caju, pequi ou umbu. Se a natureza te oferece de graça, por que vender? Isso é puro colonialismo. O colonialismo vai começar a dizer que o nosso tipo de manga é ruim e começar a vender outro tipo de manga, a manga Thompson, a manga de avião. Toda manga boa tem que vir de avião? Para colher o pequi, a gente esperava cair, pois a casca do pequi tirado à força não solta tanto. Quanto ao caju, escolhíamos os mais bonitos, deixávamos os outros para os pássaros e os que caíam eram para os porcos. Nunca tirávamos tudo. Mas substituíram as sementes e também os animais.

    As pessoas falam de racismo, mas discutem o racismo apenas dentro da espécie humana. Entretanto, a questão é muito mais ampla. Basta pensar nas variedades de peixes que tínhamos naquele tempo e em quantas temos hoje. Hoje, quando falamos em peixe, falamos em tambaqui e tilápia. Os outros peixes, que não são criados em cativeiro, não são mais considerados peixes em alguns lugares. Quando você oferece um peixe de água doce, pescado artesanalmente, as pessoas não querem. Só querem tambaqui ou tilápia, peixes que foram sintetizados. Se oferecer banana-roxa ou banana-da-terra, as pessoas não querem, só querem pacovan ou prata. As frutas vão se reduzindo a um ou dois tipos. O racismo acontece contra todas as vidas. Contra as raças de fruta, de peixes e também contra os animais silvestres, que foram diminuindo.

Um caçador afroconfluente do município de Dom Inocêncio me disse: "Se o Ibama fosse mais atento, não empatava caçar! Se entendesse que a cabra e o veado se alimentam das mesmas coisas, ia deixar a gente comer a carne do veado. Diminuiríamos o rebanho de caprinos porque teríamos veado na mata à disposição". Como não deixam a gente comer o veado, a gente aumenta o rebanho de caprinos, que vai competir com os veados, que por sua vez vão morrer de fome. Porque além dos caprinos estarem nas matas, a nossa presença tira a oportunidade de o veado comer, porque fazemos barulho, botamos chocalhos nos caprinos, mudamos o ambiente. O Ibama deveria nos perguntar como fazemos para nos alimentar. Porque não comemos só carne de veado. Um dia seria veado, outro dia seria outra caça. E outro dia não haveria carne, porque não comemos carne todos os dias. Fui criado comendo carne nos finais de semana, porque tínhamos peixes, ovos e frutos.

Nunca vi uma campanha de captação de água para os animais silvestres na Caatinga. As ONGs não fazem campanha para arrecadar alimentos para os animais silvestres nos períodos de estiagem no Nordeste. Só se lembram dos seres humanos, do gado e dos animais domésticos. Se pudéssemos criar os animais domésticos da nossa forma tradicional, os nossos animais não concorreriam com os animais silvestres, e eles se multiplicariam. Os animais silvestres estão morrendo de fome porque não suportam a concorrência. E junto com os animais domésticos, vem o ser humano. A inteligência do meu amigo caçador é fantástica!

Nem o Ibama nem os ambientalistas discutem isso. Qual é a quantidade de animais domésticos que a Caatinga suporta em concorrência com os animais silvestres? O caçador não caçava os animais gestantes, pelo menos não quando a caça era liberada. Quando pegamos um animal na armadilha, podemos observar se é fêmea ou macho, se está gestante ou não, e podemos soltá-lo se for o caso. Um caçador não vai matar uma fêmea jovem sabendo que depende dela para que a vida continue. Quando pegamos um peixe na armadilha, podemos selecionar, separar aquele que é maior daquele que é menor. Às vezes o bom pescador sabe até qual é macho e qual é fêmea, e se estiver na época da piracema, solta a fêmea. Há toda uma sabedoria envolvida. Há muitas questões que nunca tiveram o cuidado de conversar com os caçadores, porque se conversassem saberiam que a coisa não é tão grave, pois há um contrato.

    Enquanto eu arava a terra, o meu tio-avô me dizia: "O boi não precisa trabalhar para comer, é você quem precisa do boi, então peça por favor em vez de gritar para obrigá-lo!". O boi pode fazer ou não, mas insista e argumente sem ser violento. Nós temos esse cuidado porque sabemos de quem precisamos. Quando se caça escondido, o que você pegar você leva porque tem medo de não pegar mais. Mas quando era possível caçar com liberdade e você pegava um animal gestante, você soltava porque acreditava que pegaria outro. Hoje é como se estivesse roubando. O primeiro animal que encontrar você leva, com medo de o Ibama te pegar.

    Se não querem que as pessoas cacem, que criem outros empregos, que paguem um salário mínimo para os caçadores no período da reprodução, assim como pagam para os pescadores no período da piracema. Onde estão os parlamentares progressistas, que não falam sobre isso? Está na hora de se manifestarem. Onde estão os ambientalistas e as ONGs que só condenam os caçadores? Chegam às nossas casas, comem, caçam junto conosco e, quando saem, falam mal dos caçadores. O Ibama só corre atrás de caçador, mas não de quem desmata. Em Chapada Grande, desmataram dezenas de milhares de hectares. Quantos tatus e veados havia ali? As relações orgânicas são desrespeitadas.

Na década de 1970, todas as poças d'água tinham peixes. Dizíamos que caíam peixes do rio Jordão, que caíam peixes das nuvens! Havia peixes em todo lugar, pássaros e caça em todo lugar. Minha avó dizia que, assim como o melhor lugar para guardar o peixe é o rio, o melhor lugar para se guardar as raízes da mandioca é debaixo da terra. Começaram, porém, a jogar veneno, e os animais silvestres foram morrendo. Joga-se veneno no inseto, ele morre, mas morre também o animal que se alimenta do inseto.

Não temos mais peixes nos rios porque jogam veneno nas plantações no período da piracema, durante a reprodução dos peixes. Vêm as primeiras chuvas, a água vai para a nascente e mata os peixes – os pequenos e os grandes – e impede a reprodução. É mortandade em escala. Fizeram grandes barragens e assorearam os rios. Desmataram as matas e não desce mais matéria orgânica para os rios. As águas que iam para o rio levando matéria orgânica agora vão levando veneno. Onde estão os professores e as professoras doutoras em

Biologia e Veterinária que querem enfrentar isso? Onde estão as teses que discutem isso? Seria simples comprovar. Esse é um debate necessário, que as universidades não têm coragem de enfrentar.

    É preciso desmentir o mito de que degradamos o ambiente, de que somos culpados pela extinção dos animais, responsabilizando os caçadores. Por que não culpam o Audrim 40, o DDT ou outros venenos? Porque os laboratórios financiaram as universidades para fazer as pesquisas, e muitas pessoas que dependiam do financiamento dos laboratórios jogaram a responsabilidade sobre nós. Mas hoje está ficando evidente que a responsabilidade não é nossa. A responsabilidade é da monocultura química que tira o alimento das outras vidas.

criar solto,
plantar cercado

Na nossa comunidade, a maioria das famílias afroconfluentes praticava a agricultura. Ninguém tinha terras, tínhamos cultivos. Se fazíamos uma roça num ano, explorávamos aquele lugar por dois anos, em ciclo. No primeiro ano, plantávamos tudo misturado. Na mesma roça se plantavam, juntos, milho, mandioca, feijão e algodão. Não plantávamos de forma linear, plantávamos de forma triangular, pois de forma linear não seria possível plantar onde houvesse tocos de árvores. De maneira triangular, conseguíamos plantar entre os tocos, e as plantas nativas brotavam em meio às plantas cultivadas.

Muitos viventes vinham comer as folhas das plantas nativas e acabavam nos ajudando a proteger as plantas cultivadas. Quando só há um tipo de plantio e não deixamos as plantas nativas brotarem, os viventes comem todo o plantio. É assim que surge a necessidade de jogar veneno. As Ciências Agrárias chegaram à nossa comunidade na década de 1970. Antes disso, não conhecíamos técnicos agropecuários ou agrônomos. Plantávamos vários tipos de sementes juntas porque o que nos regia eram as orientações do cosmos.

Nossa geração avó dizia que a gente planta o que a gente quer, o que a gente precisa e o que a gente gosta, e a terra dá o que ela pode e o que a gente merece. Então jogávamos todo tipo de semente no mesmo local e a terra fazia a seleção das sementes que ela deixaria germinar. Alguns animais conhecidos como insetos prefeririam comer uma espécie de planta e deixavam as outras. Essa era a sabedoria cosmológica do nosso povo. Não precisávamos usar veneno porque os animais faziam a seleção. Como todas as plantas eram alimento, aquelas que sobravam eram para nós.

O nosso povo também dizia que a terra dá e a terra quer. Quando dizemos isso, não estamos falando da terra em si, mas da terra e de todos os seus compartilhantes. No plantio triangular, quando a correnteza vem, ela bate numa planta e vai para outra. As plantas cortam a velocidade da água. Quando chegaram as Ciências Agrárias, porém, começaram a nos ensinar a plantar de modo linear, fazendo arruamento. Quando a água ou o vento vêm, eles correm pela rua e vão embora arrastando tudo, porque não há nada para quebrar a correnteza. Além disso, nos orientaram a plantar uma única coisa no mesmo terreno. Sabíamos, contudo, que se plantássemos uma única espécie de semente no mesmo lugar, quem costumava se alimentar de diversas plantas iria comer só aquela.

Outra diferença são os ciclos. Plantávamos culturas com ciclos diversos. Um milho de ciclo curto era para comer assado, mais rápido; um milho de ciclo mais longo era para que o pé de milho crescesse mais alto e rendesse mais pastagem para os animais. Plantávamos uma mandioca com ciclo de seis meses, a macaxeira, mas também plantávamos uma mandioca com ciclo de dois anos. Tirávamos uma e a outra afundava. Tudo era planejado, mas as Ciências Agrárias chegaram ensinando a plantar apenas espécies de ciclo curto, para colher o mais rápido possível.

Ninguém fazia análises de solo, conhecíamos o solo só pelo olhar. Só de olhar para a terra já sabíamos o que plantar. Conhecíamos a vegetação. Numa terra que dá muita leguminosa nativa, plantava-se feijão; numa terra que dá muita gramínea nativa, plantavam-se milho e arroz. É a linguagem cósmica. É simples. Não é preciso fazer análises de solo porque a terra já diz o que está disposta a oferecer.

Quando íamos desmatar para plantar, primeiro tirávamos a mata rala, os galhos secos, e deixávamos secar por um tempo. Quando planejávamos queimar, quinze dias antes de botar fogo, derrubávamos a mata grossa. Passados os quinze dias, podíamos queimar, dependendo de como estivesse o sol, porque a mata fina servia de cama para o fogo. A mata grossa caía por cima e o fogo queimava só as folhas e a mata fina, madeira que não servia para nada. A madeira grossa, que estava verde, só sapecava. As madeiras de lei, como a aroeira, tirávamos antes do fogo. Tirávamos também as madeiras que serviam de forquilha para as casas, que eram perenes, e as madeiras que serviam para fazer mesas ou portas. A madeira branca, que não tinha âmago, deixávamos sapecar, porque sapecada ela durava mais. A madeira branca que só sapecou, mas não queimou, usávamos para cercar as roças.

Nas culturas de ciclo de seis meses, há só um período de chuva. Passado esse período, tiram-se essas culturas. A palha seca fica ali, no solo, para adubar a terra para as culturas de ciclo de dois anos como a mandioca, o algodão e a mamona. No segundo ano, tiram-se as plantas do ciclo mais longo. A madeira branca também só aguenta dois anos. Depois disso ela não presta mais para as cercas. Por isso, desmanchávamos as cercas e a madeira virava lenha nas casas de farinhada e nos engenhos de rapadura.

Quando falo de engenho, não estou falando dos engenhos da monocultura. Nos nossos quilombos, no Piauí, não houve monocultura da cana-de-açúcar, como ocorreu em outros estados do Nordeste. Aqui houve a monopecuária extensiva, a criação de gado extensiva pelos pecuaristas. Mas entre o nosso povo, poucas pessoas criavam gado. Criávamos porcos, caprinos e ovinos e usávamos os bois para transporte.

    Naquele tempo, não havia bancos para depositar dinheiro, mas os eurocristãos colonialistas usavam os bois como bancos. Conservavam o gado como uma reserva econômica. Um bezerro vivia até dez anos e os bois eram "de era". As pessoas só matavam quando precisavam do dinheiro. Elas "eravam" o gado na Chapada, para quando tivessem uma necessidade, e só vendiam de boiada. O meu bisavô e o meu tio-avô eram mestres da negociação com os fazendeiros. Diziam: "Vocês entregam dez garrotes e vou erar esses garrotes para vocês. Eu recebo o bezerro e entrego com dez anos. Só que durante os dez anos, eles vão trabalhar para mim". O que fazíamos era pegar o gado dos fazendeiros e usar os seus serviços enquanto erávamos. Os bois que erávamos comiam a palha da cana, que não era monocultura. Plantávamos a cana nas áreas que chamamos de vazantes, as áreas úmidas. No meio da cana, plantávamos banana, batata, abóbora e macaxeira. Enquanto cuidávamos da cana, envolvidos naquele trabalho, tínhamos também os outros alimentos para o nosso consumo.

    Na Caatinga do Piauí, ainda hoje, plantamos cercado e criamos solto. Não há nenhuma escrituração que determine isso. O Código Civil diz que o dono do animal tem que prendê-lo, e por isso a maioria dos estados planta solto e cria preso. A lógica é que quem anda é o animal, e você tem que prender quem anda. Aqui fazemos o contrário. Cercamos a planta que não anda e deixamos solto o animal que anda.

Há uma compreensão nossa – e isso é cosmológico – de que tudo o que nasceu por conta da natureza é de todo mundo. O pasto nativo aqui é comum, e a Caatinga é composta de pasto nativo. Então as pessoas daqui, mesmo que não tenham documento nenhum de posse de terra, podem criar. Elas criam nas terras que os fazendeiros dizem ser deles. E isso é acordado entre todo mundo, não há conflito. O que não pode é plantar! Para plantar, os fazendeiros vão cobrar um aluguel pela terra.

Em Dom Inocêncio, um dos municípios com a maior criação de caprinos e ovinocultura do Piauí, não há produção de pastagem ou gramíneas. Lá quase não existem cercas e os animais são criados misturados. No nosso quilombo, nossas cabras também são criadas misturadas. Elas sabem aonde ir ao final do dia, mas se uma vai para a casa do outro, devolvemos para o dono. Aqui ninguém rouba a cabra de ninguém. Temos prazer em devolver e, se encontramos o animal do outro doente, cuidamos dele.

criar solto, plantar cercado

Com a chegada do agronegócio e dos hábitos colonialistas, agora há regiões onde não se pode mais criar solto, tornando tudo muito difícil. Chapada Grande, por exemplo, é parte do Cerrado e tem uma diversidade enorme, margeando o rio Berlenga. Durante o inverno, levávamos os animais para lá, porque é um lugar alto. E, no verão, nossos animais desciam para o Vale do Berlenga. Sempre foi assim. Em Chapada Grande havia tanta fava de bolota – um alimento riquíssimo – que os animais não conseguiam comer tudo, ainda juntávamos um pouco para vender.
E isso acontecia até recentemente, no século XXI. Mas chegaram os plantadores de soja e eucalipto, desmataram milhares de hectares, plantaram e proibiram o povo do município de criar solto, mas ninguém estava preparado para criar preso. Acabou a pecuária do município, acabou o extrativismo na Chapada Grande.

Acabou um modo de vida, o modo de vida do lugar onde eu nasci. Chapada Grande tinha uma infinidade de plantas, a mata cheia de frutos e animais, uma vida amplamente compartilhada. Essas vidas foram atacadas e destruídas, e os modos que faziam com que a vida acontecesse também deixaram de existir. O que aconteceu com as pessoas que sabiam viver a partir desses modos? Quando tiramos a comida da onça e aparecemos na frente dela, o que ela vai fazer?

O desenvolvimento e o colonialismo chegam subjugando, atacando, destruindo. Quando se introduz o desenvolvimento em espaços onde o povo vive do envolvimento, quando modos de vida são atacados, quando o envolvimento é atrofiado, inviabilizado e enfraquecido, vai haver reação. Quais as consequências da destruição das condições de existência de um ambiente? As vidas que pertencem a esse ambiente vão querer viver em qualquer outro ambiente. Como elas não estão preparadas para viver em outros ambientes, terão que se preparar. De que forma elas vão se preparar é o ambiente que vai dizer. Em Chapada Grande, acabaram com o mundo que as pessoas conheciam e o transformaram no mundo do eucalipto e da soja. Os jovens da região ficaram sem imaginário. As pessoas foram criadas para viver num mundo e acabaram em outro. Era um lugar onde não havia assaltos e roubos, mas hoje ficou perigoso. Quando um caixa eletrônico é instalado, logo é explodido. Tiraram a comida da onça e agora aparecemos na frente dela.

A Caatinga é o bioma mais resistente que temos porque é cheio de pedregulhos, tem uma geografia física irregular e uma vegetação não muito alta. Por isso, nunca foi interessante para o agronegócio. Os territórios de chapada, que são também de confluência, esses sim são interessantes para o agronegócio. Mas até mesmo os territórios que pensávamos que seriam preservados hoje estão sendo atacados pelos parques de energia eólica e energia fotovoltaica. Como podem dizer que os parques de energia eólica são pouco impactantes, que se trata de uma energia renovável, sustentável, ecológica? No município de Queimada Nova, no Piauí, temos cinco comunidades quilombolas atacadas por parques de energia eólica. As serras de Queimada Nova agora têm grandes cataventos. Nem as cobras ficaram por lá. As cobras desceram, os caititus desceram, os porcos-bravos desceram e estão atacando as comunidades e as roças. Há plantações de milho que foram totalmente devastadas por porcos-bravos e caititus, que perderam seus ambientes.

O êxodo dos bichos tem a ver com o cercamento das áreas e com a mudança do ambiente causada pela captura dos ventos e dos raios solares, mas tem a ver, principalmente, com o desmatamento. O desmatamento abre clarões enormes e os animais silvestres não estão adaptados a esses clarões. Tem a ver também com o grande barulho que os cataventos fazem. Tem a ver com a nova presença de humanos ali. Teremos que cercar e prender os nossos animais porque eles não podem ficar circulando por essas áreas e porque houve uma grande redução das áreas de pastagem. O que para nós era pasto nativo, alimento para os animais, agora foi substituído por alimento para máquinas. A vegetação local alimenta as máquinas e gera energia para as cidades. O que era alimento para os viventes, para nossas vidas, agora é alimento para as grandes cidades.

Trata-se do colonialismo em sua essência. E ainda tem gente que diz que o colonialismo acabou! Levaram o pau-brasil e agora, quando não há mais essa madeira para levar, levam o vento e o sol. Levam o vento sintetizado e o sol sintetizado em forma de energia elétrica. Aqui no Piauí, no Rio Grande do Norte e em outros estados do Nordeste, temos dunas no litoral. Mas no estado do Tocantins existem dunas no Cerrado, no meio do chapadão. Com os enormes cataventos colocados em cima da serra, a direção dos ventos vai mudar. Qual será o impacto disso sobre as dunas? Os cataventos vão alterar as correntes de vento. Em alguns lugares o vento vai ficar mais fraco e em outros, mais forte. Alguns viventes precisam do vento. Sem ele, como vão se movimentar? Qual será o impacto dos ventos sintetizados sobre a movimentação das abelhas? As pessoas certamente não estão atentas a isso. Estão roubando o nosso vento, estão roubando o nosso sol. Isso não é brincadeira.

Ecologia é uma palavra utilizada pelos acadêmicos. No quilombo, não existe ecologia, existe a roça de quilombo, a roça de aldeia, a roça de ribeirinho, a roça de marisqueiro, a roça de pescador, a roça de quebradeira de coco. Por que a academia usa a palavra *ecologia*, e não *agricultura quilombola*? Por que não usa *roça indígena*? As universidades são fábricas de transformar os saberes em mercadoria e a agricultura quilombola não é mercadoria. Mas os saberes considerados válidos são aqueles que a universidade converte em mercadoria.

Quando visitei o Quilombo Kalunga, em Goiás, fui conhecer uma trilha turística. Lá encontrei uma placa junto a uma lixeira que dizia: "Lixo orgânico". Perguntei o porquê daquele cesto de "Lixo orgânico". Responderam que estava ali por exigência dos órgãos ambientais. Ora, se é orgânico, não é lixo! O lixo é sintético! O que apodrece é orgânico e retroalimenta a terra, como ensinava a minha avó. Mas isso funciona para quem tem casa, não para quem vive em gaiolas chamadas de apartamentos. Discutir ecologia sem discutir arquitetura é ilusão.

Nós inventamos a roça de quilombo, mas mudaram o nome e agora querem nos vender nossos saberes, nos oferecendo cursos de agroecologia e cursos de casa de taipa. Comemos raízes de macambira e raízes de umbu, entre muitas outras, e diziam que éramos selvagens porque comíamos raízes. Hoje, mudaram o nome das nossas raízes: chamam de "plantas alimentícias não convencionais". O que chamam de tomate cereja, era um tomatinho azedinho muito gostoso que nascia em qualquer lugar por onde caminhávamos. Fazíamos arroz com vinagreira cuxá, que hoje chamam de hibisco. Inventaram o "alimento orgânico". Ora, isso que se compra no supermercado com o selo de "orgânico" é um produto, às vezes sem veneno, mas não é algo orgânico. Não é produzido pelo saber orgânico, não é voltado para a vida. Se um quilo de carne orgânica é muito caro, o pobre não pode comprar; e se o pobre não pode comer, não é orgânico. Orgânico é aquilo que todas as vidas podem acessar. O que as vidas não podem acessar não é orgânico, é mercadoria – com ou sem veneno.

Processos colonialistas como esses tentam nos enganar transformando os nossos saberes em mercadoria. Entretanto, os humanos são os únicos animais que precisam estudar depois que chegam à fase adulta. Os pássaros, depois que saem do ninho, já sabem tudo o que precisam para viver. Os roedores, quando adultos, já sabem tudo o que precisam saber para viver. É assim com todos os outros viventes, que através da alimentação curam e previnem doenças, exceto os humanos... Os outros animais só adoecem quando entram em contato com os humanos. Por que adoecemos menos nos quilombos no contexto de pandemia? Um grande mestre nos explica: "Nos quilombos temos relacionamentos, não temos aglomerações. Aglomerações são feitas de corpos que não se conhecem, que não se tocam". E como não se relacionam, não se imunizam. Nós, que nos relacionamos, que nos abraçamos, estamos imunizados.

       Somos povos de trajetórias, não somos povos de teoria. Somos da circularidade: começo, meio e começo. As nossas vidas não têm fim. A geração avó é o começo, a geração mãe é o meio e a geração neta é o começo de novo.

Um bispo, um cavalo e uma torre
Quem se move contra o infinito
E se arrisca na luta
Junta rei-peão e rainha
Quem tira a faca da bainha
E risca terra e chão
Não perde a linha
Quem são os que morrerão
E faz de conta e ginga
Contra a torre que se aproxima
Quem brinca com o tempo
E pula os quadrantes da vida
Entre copos e dedos de prosa
Quem bebe a podói amarga
E joga com a bílis sofrida
No nascer da aurora
Quem mora na roça que ninguém sabe onde
E por que não se esconde

Entrevendo os caminhos da morte
Quem morde a corda e não arrebenta
E esquenta as mãos nos arreios do tempo
Lento, chega quando não se espera
Quem prega a diagonal
E se move do preto ao branco
Manto vermelho, monte verde
Qual fonte perde e ganha
E com manha sim e força não
Acorda para cuspir no novo dia
Quem pula as linhas definidas
E monta na sela da incerteza
Encaborjado vaqueiro sem cheque
Quem mata a fome da valentia
E espraia luz constante e vadia
Quem guia, quem guia.

Daniel Brasil

Sobre o autor

Antônio Bispo dos Santos nasceu em 1959 no vale do rio Berlengas, Piauí. Lavrador, formou-se com os saberes de mestras e mestres do Quilombo Saco Curtume, no município de São João do Piauí, e foi o primeiro de sua família a ser alfabetizado. Desde cedo, foi incumbido de desenvolver a habilidade de traduzir para a escrita a sabedoria de seu povo e mediar as relações com o Estado, cuja violência se manifesta, também, pela invalidação da oralidade. Como liderança, atuou na Coordenação Estadual das Comunidades Quilombolas do Piauí (Cecoq/PI) e na Coordenação Nacional de Articulação das Comunidades Negras Rurais Quilombolas (Conaq). Sua atuação política nos movimentos de luta pela terra ancora-se na cosmovisão dos povos contracolonizadores. Nêgo Bispo, como também é conhecido, é autor de vários artigos, poemas e do livro *Colonização, Quilombos: modos e significações* (UnB/INCTI, 2015), além de coordenador da coleção *Quatro Cantos* (n-1 edições, 2022). Na revista PISEAGRAMA publicou os ensaios *Modos quilombolas* (2016) e *Somos da terra* (2018). Tem realizado palestras, conferências e cursos por todo o Brasil. É professor convidado do Encontro de Saberes da UnB/INCTI e da Formação Transversal em Saberes Tradicionais da UFMG.

Sobre o artista

Santídio Pereira nasceu em 1996, no povoado de Curral Comprido, no município de Isaías Coelho, interior do Piauí. Migrou para São Paulo ainda criança e ingressou no Instituto Acaia, dedicado a crianças e adolescentes residentes próximos ao Ceagesp, onde iniciou sua prática artística nos ateliês do instituto. A xilogravura é o principal suporte de sua pesquisa visual, a partir da qual desenvolveu a técnica de "incisão, recorte e encaixe", subvertendo a reprodutibilidade característica da gravura e utilizando diversas matrizes na produção de uma imagem única. A flora e a fauna da Caatinga, sobretudo os pássaros, são fontes recorrentes de memórias, estudos e recriações ficcionais. É na Caatinga do Piauí, também, que ele mantém um projeto de pesquisa e residência artística destinada aos moradores locais e ao intercâmbio com artistas de outros lugares.

PISEAGRAMA
coordenação editorial, edição e design Felipe Carnevalli, Fernanda Regaldo, Paula Lobato, Renata Marquez, Wellington Cançado
estagiários Emir Lucresia, Schelton Casimira

PISEAGRAMA
piseagrama.org
◎ /revistapiseagrama

ubu
direção editorial Florencia Ferrari
coordenação geral Isabela Sanches
direção de arte Elaine Ramos, Júlia Paccola (assistente)
editorial Bibiana Leme, Gabriela Naigeborin
comercial Luciana Mazolini, Anna Fournier
comunicação / circuito ubu Maria Chiaretti, Walmir Lacerda
design de comunicação Marco Christini
gestão site / circuito ubu Laís Matias
atendimento Cinthya Freitas
produção gráfica Marina Ambrasas

UBU EDITORA
Largo do Arouche 161 sobreloja 2
01219-011 São Paulo SP
ubueditora.com.br
professor@ubueditora.com.br
❏ ◎ /ubueditora

a terra dá,
a terra quer

© Ubu Editora, 2023
© PISEAGRAMA, 2023
© Antônio Bispo dos Santos, 2023

imagens © Santídio Pereira / Coleção Particular
fotografias © João Liberato

coordenação editorial PISEAGRAMA
pesquisa, interlocução e organização Felipe Carnevalli, Fernanda Regaldo, Paula Lobato, Renata Marquez, Wellington Cançado
edição e preparação Fernanda Regaldo, Paula Lobato, Renata Marquez
transcrição Emir Lucresia, Schelton Casimira
revisão Daniela Uemura
tratamento de imagem Carlos Mesquita
projeto gráfico PISEAGRAMA

5ª reimpressão, 2025.

Dados Internacionais de Catalogação na Publicação (CIP)
Bibliotecário Vagner Rodolfo da Silva - CRB 8/9410

B622t   Bispo dos Santos, Antônio
        A terra dá, a terra quer / Antônio Bispo dos Santos; imagens de
Santídio Pereira; texto de orelha de Malcom Ferdinand. São Paulo:
Ubu Editora/ PISEAGRAMA, 2023. 112 pp.
ISBN 978 85 7126 105 1

1. Quilombo. 2. Quilombismo. 3. Ecologia. 4. Meio ambiente-
aspectos sociais. 5. Colonialismo. 6. Negritude. 7. Crise ecológica.
I. Bispo dos Santos, Antônio. II. Título.

2023-902   CDD 305.896   CDU 316.347

Índice para catálogo sistemático:
1. Quilombo 305.896
2. Quilombo 316.347

papel Pólen bold 90 g/m^2
fontes Gulax e Lyon Text
impressão Margraf